日本と世界のアニマルウェルフェア畜産　上巻
人も動物も満たされて生きる
ウェルフェア フードの時代

松木洋一 編著

養賢堂

はじめに─家畜福祉とは

松木洋一

　21世紀になって欧米など畜産先進国が工場的畜産からの転換を目指して，いわば「畜産革命」ともいえる新しい畜産システムの開発に取り組んでいる。そのシステムの基本コンセプトが Farm Animal Welfare である。日本において使用する用語として一般的には「家畜福祉」と訳されている。人とともに生活している犬や猫などのペットや野生動物についての動物福祉（アニマルウェルフェア）という用語は比較的受け入れられているが，家畜のウェルフェア「福祉」という言葉は，人間の社会保障で使用される福祉と混同されやすく，聞き慣れないものである。家畜は食料や衣料などとして結局は人が生きていくために利用され屠殺されていく運命にあるのだから，「福祉」という言葉を使用すること自体に離齬があるという見解が普通である。しかしながら，人間は，他の生物種のいのちを食べるために，そのいのちを育てるという矛盾を宿命的にもっており，それは動物種だけでなく植物種のいのちをもいただくことから逃れることは出来ない。欧米でも健康な家畜を育てることが Welfare 概念の核であることを強調するために Health を入れて Farm Animal Health and Welfare という表現が多く見られ，また，最近では作物の健康 Plant Health and Welfare という作物保護学の用語展開もみられる。

　EU（欧州連合）では連合憲法ともいえるリスボン条約において，家畜は単なる農産「物」ではなく，「感受性のある生命存在である Sentient Beings」として明文化された。それは，家畜はストレスによって飼育環境に発生する新たな病原菌に対する抵抗力を失い，感染するという獣医学的解明に基づいている。

　現在，世界のアニマルウェルフェア畜産の原則は，イギリスのブランベル・レポートから始まり世界獣医学協会の方針ともなっている「五つの自由 Five Freedoms」に依拠している。すなわち以下のような家畜にとって「自由」な飼育方法である。

① 「飢えと渇きからの自由」（健康と活力のために必要な新鮮な水と飼料の給与）
② 「不快からの自由」（畜舎や快適な休息場などの適切な飼育環境の整備）
③ 「痛み，傷，病気からの自由」（予防あるいは救急診察および救急処置）
④ 「正常行動発現の自由」（十分な空間，適切な施設，同種の仲間の存在）
⑤ 「恐怖や悲しみからの自由」（心理的な苦しみを避ける飼育環境の確保および適

切な待遇)

EUやOIE(世界動物保健機構;旧名国際獣疫事務局)は家畜福祉基準の策定を完成しつつあるが,日本もそれに対応するために,農林水産省・(社団)畜産技術協会が2011年に策定した「アニマルウェルフェアの考え方に対応した家畜の飼養管理指針」では家畜福祉という訳語は使用せず,「アニマルウェルフェア」を用語にすることにしており,「快適性に配慮した家畜の飼養管理」と定義している。しかしながら,快適性とは英語ではComfortであり,生産性向上を目的とした「Cow Comfort カウコンホート;乳牛の快適性」などとして使われている飼育技術の用語に依拠しているなど,アニマルウェルフェア概念の根本的な目標とは異なるものといえよう。

本稿では,工場的畜産から改革される畜産システムとして「アニマルウェルフェア畜産;AW畜産」という用語を使用するが,家畜福祉という一般的訳語も以下の概念をもつものとして捉え,同義のものとして適宜使用することにする。

英語のWel-fare(一般的訳語;福祉)の語源的意味とは,"(人間も動物も)満たされてWel,生きているfare"と捉えられ,Farm Animal Welfareとは"家畜がその行動要求を人間の飼育活動によって満たされて生きている状態"といえよう。

すなわち,家畜のアニマルウェルフェア(家畜福祉)とは,家畜が最終的な死を迎えるまでの飼育過程において,ストレスから自由で,行動要求が満たされた健康的な生活ができる状態にあると定義される。

それゆえ,アニマルウェルフェア畜産(家畜福祉畜産)とは,家畜をそのような「行動要求満足度の高い生活状態で飼育する」生産システムであるとともに,そのことによって人も家畜から安全で質の高い「ウェルフェア食品」Welfare Foodと精神的な「癒し」Welfare Care Serviceをも与えられるという,人と家畜とが相互依存する"ウェルフェア共生システム Welfare Symbiotic System"と定義することができる。

しかも,"ウェルフェア共生システム"で生産されるこれら2つのウェルフェア商品の価値を実現するためには,生産段階に従事する人たちだけでなく,流通業,食品加工業,レストラン等の飲食業に従事する人たちと共に,かつ最終消費者である多様な人々がアニマルウェルフェアを重視するライフスタイルをめざして,生産活動と生活活動を結びつけるあらたな社会的ネットワークを形成していくことが不可欠である。そのような人も動物も満たされて生きる"ウェルフェアフードの時代"が始まっているのである(下巻第一章を参照)。

本書のねらいと構成

松木洋一

【今,世界で起きていること】

　20世紀の後半に,西ヨーロッパとアメリカ合衆国において工場的畜産システムの急速な開発と振興がなされ,日本もそれに続いた。このシステムの特徴は,多数の家畜の自由を閉じこめることであった。すなわち,牛豚のスタンチョン方式,採卵養鶏用のバタリケージ,繁殖雌豚用のクレート,子牛用のクレートなどが開発され,世界中に普及されていった。

　肉食文化を進めてきた欧米が20世紀の近代農業と近代畜産の反省を始めたのは早く,1960年代である。その後,特に1986年にイギリスで発生した人獣共通感染病であるBSE(通称狂牛病)が契機となって,家畜の健康と福祉についての人間の責任が問われるようになった。この戦後に普及したシステムは,いまやヨーロッパ連合EUでは動物福祉団体のみならず,消費者市民や食品企業の支持によって改善ないし禁止の方向に置かれている。また,米国でもEUに追随して急速にアニマルウェルフェア畜産への転換が進んでいる。

　日本の現実全体をみると,まさに畜産後進国として,欧米の畜産革命の波を被っていないかの様相である。しかしながら,本書上巻が取り上げているように,すでに数十年も前から個別に独自に「人間と家畜とが相互依存するウェルフェア共生システム」を開発し,自身のライフスタイルを充実させている飼育者たちが存在する。

　本書のねらいは,以上のような家畜と人間との新しい関係の形成を,アニマルウェルフェア(家畜福祉)という概念から把握することにある。

1. ヨーロッパ連合EUにおけるアニマルウェルフェア畜産の開発と進展

　フォアグラ(ガチョウやカモを狭い場所に閉じ込めて運動できないようにした上に,蒸したトウモロコシを漏斗で強制的に詰め込む強制給餌を1日に3回繰り返し,一カ月間肥育させた脂肪肝である)の世界生産量の80％を占めるフランスは,フォアグラは保護すべき食文化,料理の貴重な遺産であると宣言してその肥育方法をいまだに保守しているが,ヨーロッパの多くの諸国(欧州評議会「農用動物保護協定」締結35カ国)では1999年以来すでにそのような動物の「強制給餌」を禁止している。

また，ヨーロッパ連合 EU では鶏卵飼育バタリケージの使用が 2012 年 1 月から全面禁止されており（「採卵鶏保護基準指令」），繁殖雌豚用のストールも最初の 4 週間以降は 2013 年 1 月 1 日から全面禁止された（「豚の保護基準指令」）。子牛保護のために生後 8 週間を過ぎた子牛の個別のペン使用は 2006 年から禁止されている（「子牛の保護基準」指令）。

　以上のように，ヨーロッパでは家畜福祉のための飼育基準の法令化が 1990 年前後から急速に進展し，EU 統合の基本条約である 1997 年のアムステルダム条約には動物福祉に関する特別な法的拘束力を持つ議定書が盛り込まれ，そこでは「家畜は単なる農畜産物ではなく，感受性のある生命存在 Sentient Beings」として定義された。すなわち家畜は，置かれた環境によって健康や生命に危害を与えるストレスを感受する能力を持っていることである。それ故に特に人が飼育する家畜の生理的，行動的要求を最大限尊重し，生育環境によるストレスをできる限り軽減するための努力をEU加盟国と市民に課したことである。その後 2009 年 12 月 1 日に 27 加盟国の批准を得て発効された新しい欧州連合の基本条約であるリスボン改革条約第 13 条では「家畜福祉」が規定され，家畜福祉理念にとってアムステルダム条約に次ぐ画期的な条約となった。

　その家畜福祉理念のもとで，EU の共通農業政策（CAP；Common Agricultural Policy）の改革によって食品の品質概念と安全性概念が結合され，その先駆的なコンセプトといえる「家畜福祉品質 WQ（Welfare Quality）」の開発研究が 2004 年からはじめられた。2010 年までに WQ ラベルの評価方式の確立とチェーン開発という大変現実的な助成事業が進められた結果，現在民間企業の WQ ビジネスが進展している（下巻第 2 章 2，3，4，5 を参照）。

　EU の AW 畜産は，このような政策による促進とともに，市場経済活動による進展がめざましい。

　ヨーロッパでは 1990 年代以降，食品流通消費おいて大手スーパーマーケットの比重が大きくなる中で，スーパーマーケットが主導する動物福祉フードチェーン開発が進み，消費者の要求と動物保護団体の運動に対応する食品企業の社会的責任（CSR）が評価されるようになっている。

　例えば，イギリスでは，1994 年から RSPCA（英国王立動物虐待防止協会）が，家畜の飼育改善と高い動物福祉が達成されているかどうかを表示する動物福祉食品規格として開発されたフリーダムフード認証制度の拡がりが大きい（下巻第 2 章 3，4 を参照）。また，オランダでは 2007 年に NGO オランダ動物保護協会 DB

による認証マークであるBeter Leven（英語名Better life）認証ラベリングシステムが開始され，現在までに4千万以上の家畜（有機家畜は除く）がこのマークをつけて出荷されているなど，食品市場で広く受け入れられている。（下巻第2章5参照）

2. アメリカにおける最近の家畜飼育システムの転換

2012年7月1日，アメリカ合衆国カリフォルニア州政府が，フォアグラの生産及び店頭販売，レストランでの料理提供をいっさい禁止する法律を施行した。フォアグラ禁止法・条例だけでなく，例えばフロリダ州では2002年に繁殖雌豚の分娩ストール（枠）飼育を禁止しており，アリゾナ州は2006年に繁殖雌豚の分娩ストール飼育と子牛のクレート（檻）飼育を禁止し，オレゴン州は2007年に繁殖雌豚の分娩ストール飼育を禁止しており，また従来型ケージ養鶏禁止の州法は，アリゾナ州，カリフォルニア州，ミシガン州，オハイオ州で制定されている。

ファストフードの世界的多国籍企業であるマクドナルドは，アメリカ国内では採卵鶏農業者へのアニマルウェルフェアガイドラインを2000年8月から開始している。

学校レストランでも取り組みが拡がっており，ハーバード大学，プリンストン大学，イェール大学，カリフォルニア大学バークレー校など160の学校がケージ卵の使用を少なくしていく方針である。

生産者側においても家畜福祉を重視する消費者への対応から，このような家畜の自由を閉じ込める工場的畜産からアニマルウェルフェア畜産への改革が全畜種で進んでいる。全米最大の養豚業会社スミスフィールド・フーズは2007年に繁殖雌豚の分娩ストール飼育を2017年までに廃止すると約束したが，それに続き，2012年2月には大規模養豚業会社ホーメル・フーズも2017年までに廃止することを宣言した。また，米国最大規模の子牛生産農場であるストラウス子牛農場とマルコ農場は子牛用クレート飼育を今後数年間で廃止すると宣言している。

以上のような個々の大規模農場の戦略転換とともに，生産者団体の取り組みが始まっている。

2011年7月には，全米鶏卵生産者組合（UEP：United Egg Producers）と動物愛護団体である全米人道協会（HSUS：The Humane Society of United States）とが，今後15年〜18年間において従来型ケージ飼育システムからエンリッチ飼育システム（飼育スペースを2倍増，止まり木・巣箱・砂遊び場の設置）への転換をはかる歴史的な合意を結び，また両者が協力して州政府レベルの取り組みから連邦政府レベルでの法令化を目指すことになった。

動物福祉的な観点などから豚の適切な管理，飼養方法に関する「飼養標準」を作成し生産者に提供している全米豚肉ボードNPB（National Pork Board）は，2007年6月「豚肉品質保証プラス（PQAプラス）プログラム」を公表した。

全米鶏肉会議NCC（National Chicken Council）は，2010年1月に家畜福祉ガイドラインの改訂版「全米鶏肉会議ブロイラー・アニマルウェルフェアガイドラインと監査チェックリスト」を公表した。

このように現在の米国のアニマルウェルフェア畜産システムは，農業者，食品企業の自主的な家畜福祉畜産ガイドラインの主導によって進展していることが特徴である（下巻第2章3，6を参照）。

3. 世界の家畜福祉基準が策定されている

動物検疫関係の基準を作成する国際機関としての役割を担ってきた世界動物保健機関 World Organization for Animal Health（2003年に改名，旧称OIE：国際獣疫事務局）の最近の活動で注目されるのは，2002年第70回OIE総会で新しい目的として追加された「動物福祉」と「食品安全」についての基準作成である。

2005年第73回総会で最初の家畜福祉基準（「陸路輸送」，「海路輸送」，「屠殺」，「防疫目的の殺処分」における動物福祉）が採決され，その後「畜舎の福祉基準」と「飼育方法の福祉基準」については時間をかけて加盟国の承諾を得て策定していく方針に転換した。しかし，加盟国の取り組みに大きな相違があり合意が取り付けない状況が続いているため，総括的な基準を作る方針から転換し畜種別に福祉基準を完成する努力が進められている。

2012年には肉用牛の家畜福祉基準，2013年にはブロイラーの家畜福祉基準，2014年には乳牛の家畜福祉基準が採決された。今後，2015年以降に数年かけて養豚，採卵鶏の家畜福祉基準が検討され成立する予定である。おそらく2018年頃までには主要な畜種の世界家畜福祉基準が完成するであろう（下巻第2章1を参照）。

OIEがBSEなどの畜産食品安全問題とともに，動物福祉問題を優先課題とし位置づけ，国際的リーダーシップを担わなければならないと決定したことは，大きな変化であり，今後その世界家畜福祉基準の策定が完了した場合に，加盟国である日本の政府と農畜産業者，食品企業，消費者市民の対応が問われている。

しかしながら，このような家畜福祉をめぐる急速な国際的進展に対して，日本の畜産業界，行政，消費者のみならず獣医師，畜産学，農業経済学などの研究者においてもその認識が大変低い状態と言わざるを得ない。

【日本のアニマルウェルフェア畜産農場の存在と未来への課題】

　本書は，上巻「人も動物も満たされて生きる〜ウェルフェアフードの時代〜」と下巻「21世紀の畜産革命〜アニマルウェルフェア・フードシステムの開発〜」の2分冊からなっている。

1. 上巻「人も動物も満たされて生きる〜ウェルフェアフードの時代〜」

　現在日本の畜産農場の大半は，欧米畜産先進国から導入してきた工場的畜産のままである。アニマルウェルフェア畜産農業者は極少数派であるが，単なる生産段階での飼育技術システムの改革だけではなく，飼育者が自身のライフスタイルをまさに「人間と家畜とが相互依存するウェルフェア共生システム」の中で充実させている人たちである。

　上巻では，欧米畜産先進国のアニマルウェルフェア畜産にも引けを取らない，日本における先進的なアニマルウェルフェア農場の存在とその成果を紹介する。その実態から伺えることは，家畜の行動の自由度をたかめる飼育によって，健康な家畜と安全で高品質の食品を生産するだけでなく，飼育者とともにそのフードチェーンでつながる食品産業の従事者，最終消費者もアニマルウェルフェア飼育の家畜と触れ合うことによって返って動物から癒しを与えられるという，「満たされた生活」を受け取る喜びがみられる。

　欧米の人間優位主義的な動物管理視点（management）がつよいアニマルウェルフェア生産システムとは異なる，むしろ共生視点（Symbiotic）が強い「日本的アジア的なウェルフェア・フードシステム」が進展しているといってもいいであろう。（上巻の第1章〜11章を参照）

2. 下巻「21世紀の畜産革命〜アニマルウェルフェア・フードシステムの開発〜」

　下巻では，先に述べたEU，USA，OIEの畜産先進国が主導する世界のアニマルウェルフェア畜産についての政策とフードチェーン開発の動向を取り上げ，今後の日本が対応せざるを得ないモデルとしての実態分析を行っている（第2章1〜6を参照）。まさに，21世紀の世界の畜産は，欧米先進国自らが開発した工場的畜産からアニマルウェルフェア畜産へ大転換させる「畜産革命」の波をかぶっているのであり，とくに畜産物輸出国である開発途上国を巻き込んで，畜産物の国際的な貿易市場における新たな商品価値を創造しつつある。

　農畜産物の貿易自由化に対抗して日本の畜産を維持振興させるためには，アニマルウェルフェア畜産食品という新たな商品価値の開発にどう取り組むかが問われる。そのためには欧米の工場的飼育技術を遅れて導入してきた日本の畜産業界

が，すでに欧米では改善ないし禁止されている生産技術体制からどう脱皮していくかが緊急の課題である。とくにアニマルウェルフェア飼育技術の柱である家畜行動学的な研究と実用化が遅々とした状況にあり，従来の畜産学・獣医学教育の改革が求められている（下巻第1章5，第3章1～8を参照）。

しかしながら，上巻で見るように日本の先進的なアニマルウェルフェア畜産の実践農場が，欧米のような社会的バックアップが少ない中で，独力での発展を進めていることが注目される。しかも，生産段階のアニマルウェルフェア飼育技術の改革にとどまらず，いわば市場外流通としてのAWフードチェーンを開発し，食品流通業者，レストラン飲食店などの外食業者，消費者との連携システムにおいてこの新たな商品価値を実現しているのである（下巻第1章1～3を参照）。

そして，そのような個別のAWビジネス活動の経験をもとに，アニマルウェルフェア畜産の全国的な普及活動を目的とする団体（AWFCJapan；Animal Welfare Food Community Japan）が形成されつつあることは，国内外の畜産革命の進化にプラスの影響を与えることになろう（下巻序章を参照）。

日本と世界のアニマルウェルフェア畜産　上巻

人も動物も満たされて生きる

ウェルフェア フードの時代

目　次

はじめに	松木洋一	i
本書のねらいと構成	松木洋一	iii

第1章　小さな牧場の優しい牛飼い夫婦
――北海道旭川・クリーマリー農夢　　　　　　　　滝川康治　　1

第2章　有機畜産のコミュニティづくり
――北海道せたな町"やまの会"　　　　　　　　　滝川康治　　9

第3章　多彩なマーケティングの放牧酪農
――北海道十勝しんむら牧場　　　　　　　　　　　滝川康治　　17

第4章　有機肉牛生産システムの開発
――北里八雲牛ブランド　　　　　　　　　　　　　小笠原英毅　25

第5章　放牧酪農認証牛乳の開発
――北海道忠類酪農とよつば乳業　　　　　　　植木（永松）美希　33

第6章　有難豚(ありがとん)の挑戦
――津波被災再建からウェルフェア フード開発へ　　高橋希望　41

第7章　東京におけるアニマルウェルフェア
体験牧場農園の開設プラン
——牛と人のしあわせな牧場・町の中のおいしい楽しい牧場　　　磯沼正徳　　49

第8章　ケージから放牧，有機養鶏への転換
——山梨県黒富士農場　　　向山一輝　　57

第9章　理想郷を求めて建設した放牧養豚
——山梨県ぶぅふぅうぅ農場　　　中嶋千里　　65

第10章　元気な生産者が健康な動物と人を育てる
——山口県秋川牧園のネットワーク生産　　　秋川　正　　73

第11章　小さな離島での放牧養豚ライフスタイル
——山口県瀬戸内海・祝島の氏本農園　　　氏本長一　　81

第1章　小さな牧場の優しい牛飼い夫婦
―北海道旭川・クリーマリー農夢

滝川康治

　北海道第2の都市・旭川市の南に位置し，市街地から車で10分余り山あいの土地が広がる上雨紛地区。ここで酪農を営み，牛乳・乳製品づくりも手がける「クリーマリー農夢」は，18年間にわたってアニマルウェルフェア畜産を実践してきた牧場である。

写真1「クリーマリー農夢」の案内看板。今は7頭の乳牛を飼う

　規模拡大が進む北海道で最小規模の部類になる，6.2haの土地（借地を含む）で7頭の乳牛（うち成牛は6頭）を飼う。しかし，ストレスのない快適な環境を牛たちに提供していることでは，この牧場と肩を並べるところはきわめて少ない。
　1年中，放牧しているので，牛たちは好きなときに牛舎に出入りできる。秋の夕方4時ころ，給餌や搾乳の準備が始まった。
　「さくら，いい子だぞ。ごはんだよ」，「はる，Q，みんな帰っておいで。（搾乳を）始めるぞ」

牧場主の佐竹秀樹さん（1957年，旭川市生まれ）が放牧地の牛たちに声をかける。「名前を覚えていて，呼ぶと私のほうを見てくれるので，こうしているんですよ」。登録名とは別に季節や顔の形などにちなんだ名前を付け，家族の一員のように牛たちと接してきた。

　手作りのフリーストール牛舎には敷料がふんだんに入り，舎内はいつも清潔に保たれている。搾乳時には，専用のパーラーで1頭ずつ，温水シャワーを使って乳房や乳頭を洗浄し，仕上げに消毒した布巾で拭く。生乳の風味に影響するので搾乳前のディッピングはしない。年間を通して生菌数が100個未満／ mlという乳質の良さが光る。

名著に触発され，豪州実習で牛との接し方を学ぶ

　「ストレスのない環境のなかで家族のように可愛がって育つ牛たちからこそ，人間にとって安全で健康的な乳製品が生まれる」というのが，「クリーマリー農夢」の基本理念。もっと多くの消費者にアニマルウェルフェアに配慮した畜産製品の価値を感じてもらおう——と7年ほど前から，牧場のホームページに佐竹さん夫妻の思いを凝縮させた，次のメッセージを載せている。

　「農畜産物を工業製品と同じように大量生産すれば，生産コストを下げる事はできるでしょう。でも，『生き物を機械と同じように扱っていいのかな？』と思うのです。例えば，一生牛舎に繋がれたまま年1回のお産を強制され，乳量を増やすために高蛋白の飼料を給与され，元来持って生まれた寿命を全うできない生活を強いられています。ちょっと休ませてあげればまたお産をしたり乳を出せるのに，現状の採算ペースから外れた牛はすぐに廃用牛として屠殺されてしまいます。私達は，そのようなストレスの多い産業動物から生まれる食べ物と，ストレスの少ない可愛がられた家畜から生まれる食べ物とは違うと考えています。（中略）牛乳はどれも同じ白い液体なので見た目はわかりませんが，『牛の飼い方の違い』によって，区分けされても良いのではないでしょうか？（後略）」

　非農家の家庭に育ち，動物好きの少年だった佐竹さんは，高校時代にカウボーイが牧場でギターを弾く洋画を観て，牛飼いの生活に憧れた。玉川大学農学部で畜産を学んでいた20歳のころ，近代畜産の実態を告発したルース・ハリソン女史の名著『アニマル・マシーン』を読み，畜産に対する考え方が変わった。同書との出会いは，アニマルウェルフェアに配慮した酪農を始める原点になった。

　卒業後はオーストラリアに渡り，2年間，30頭ほどの乳牛を飼う近代畜産とは

対照的な牧場で働く。乗馬のコーチと酪農，観光体験を兼ねた農場を切り盛りする牧場主は，牛をとても可愛がる人だった。ある時，「お前は搾乳が楽しくないのか？」，「牛と話しながら仕事をするのが嫌いなのか？」と聞かれた。

同じ作業のくり返しなので，佐竹さんは搾乳が大嫌いだった。しかし，この言葉を聞き，酪農は牛と人間との共同作業で成り立っていることに気づく。

オーストラリア実習中に大学の同級生だった妻の直子さん（57年，東京都生まれ）と結婚し，同じ牧場で働いて82年に帰国。自分たちしかできない酪農をめざす2人は，北海道内にある製薬会社の農場に勤めた。

ニンニクやハーブの栽培，堆肥づくりのための肉牛飼育，作業機の開発，経理…と，さまざまな業務をこなす。そのかたわら，建築や鍛冶屋の仕事，簿記，パソコンなどの研修や免許を取得した。こうした経験は，のちの就農や乳製品づくりに生かされる。

農場はその後，牛肉の輸入自由化を機に肉牛飼育から撤退することになり，11年間の会社勤めにピリオドを打つ。いよいよ就農場所を探す日々が始まった。

退職から間もないころ，旭川近郊で計画されていた大規模酪農のパイロット事業を知る。総事業費は数億円。補助金があるので自己資金1,500万円ほどで牛や新築の牛舎，機械類，住宅が与えられるというもの。事業に手を挙げ，契約書に捺印する直前まで話が進んだ。

しかし，契約の前夜になり，「これが本当に自分たちの考えていた酪農なのだろうか」，「牛1頭では食べていけないだろうか」と話し合う。発想を転換し，「補助金ゼロでいこう」と決意。モデル事業への参入を白紙に戻した。

小さな牧場から良質の乳製品をつくる

牧場を始めるには生乳の付加価値を高めることが欠かせないと考え，94年に土地を購入して乳製品づくりに着手し，牛乳とヨーグルト，バターの営業許可を取得。翌年からは近くの酪農家からわけてもらった生乳を加工し，牛乳の宅配を始めた。

97年，生乳の提供者が離農し，3頭の乳牛を譲り受けて牛飼いの夢が実現する。牧場名は「クリーマリー農夢」。牛乳や乳製品の製造所や販売店を意味する英語の「クリーマリー」と，ずっと農業に夢を見ていきたいという気持ちに地中の宝を守る地の精「GNOME」をかけて「農夢」と決めた。

現在に至るまで，牧場内の工房で牛乳や乳製品を加工し，販売する。当初から

65℃30分殺菌のノンホモ牛乳を製造し，長い間，佐竹さんみずから車を運転し，旭川市内の顧客に定期宅配してきた。しかし，毎日の牛飼いの仕事に配達が加わる，このやり方は多忙をきわめて体調を崩す。5年前，運送業者に配達を委託する方式に転換した。今は週1回，牧場の近隣地域120軒に牛乳とヨーグルトが宅配される。

　自前の小さなミルクプラントでの最大の課題は生乳の安定生産。人工授精による計画出産をめざしているが，1回でも受精が遅れると乳量が足りなくなる。お産の遅れから宅配の顧客を3カ月も待たせたこともある。逆にお産が重なると生乳が大量に余ってしまう，という悩みも抱えていた。

　そこで，保存の効く乳製品に加工し，牧場経営が持続できる道を模索。学生時代にバターづくりを学んだ以外は，本を読んだりして独学でやってきた。

　現在は，宅配用の牛乳とヨーグルトの製造を基本に，余乳分をチーズや生クリーム，アイスクリームなどに加工し，旭川市内と近隣の町のホテルやレストラン，菓子店あわせて9カ所に卸す。製品は，牧場内の直売所やHPの直販コーナーで購入できる。直売所の「Milk Bar」は，牛乳の定期配達の顧客だった野口和美さんが店番と清掃を担当し，「野の花菓子店」の看板も掲げて手作りのお菓子も並ぶ。野口さんは週5回，夕方の搾乳も手伝う。

写真2　牛乳や乳製品，お菓子などを販売している"Milk Bar"

アニマルウェルフェアを実践する一方で，衛生管理に心を配りながら搾った生菌数のきわめて少ない良質の生乳を多品目の製品に加工する——大企業がやれないことに着目し，独自の販路を開拓してきた営みから学ぶものは多い。

出入り自由の快適な環境で丁寧に飼養する

　牛たちは，放牧地と牛舎を自由に歩き回り，好きなときに青草や乾草を食べる。真冬でも，牛舎と屋外のパドックを往来可能な構造になっていて，牛たちが雪の上で日向ぼっこをする光景を目にすることができる。

　手作りの木造牛舎は，冬でも太陽の光が入るように設計した。ベッドに牛が座った際，すぐ目の前になる窓を開閉できる構造にするなど，きめ細かな快適性に対する配慮が窺える。ゴムマットを敷いたストールに，ベッドは冬暖かく夏涼しい土間にし，敷料の乾草をふんだんに入れる。牛舎の柱にはブラッシングの道具がいくつも吊り下げてある。

　放牧地の牧草と乾草は自由に食べさせ，非遺伝子組み換え飼料を使う。北海道産の等外小麦やビートパルプ，ヘイキューブ，配合飼料を与え，全体の80％以上を道産飼料で占める。採草地がないため，乾草は近隣から購入してきた。1頭あたり平均乳量は7,200kgほどを保っている。牧場の総売り上げは年間1,500万円程度という。

　8年前，NHKテレビが「クリーマリー農夢」を全国に紹介した。牛たちは当時，個体識別のための耳標を外していた（注＝牛の出荷時には装着）。

　「牛の耳は，放熱をしたり，虫を寄せつけないようにする役割を持っている。小さなICチップを埋め込んで個体識別する国もあり，両耳に大きな耳標を付けるのは疑問。装着の際に傷がつき，耳がただれるといった問題が起きる可能性もある」

　との理由だが，放送から数時間後，農政事務所の職員が耳標装着の要請に訪問。佐竹さんは，事情を説明する一方，文書でも「耳標を小さくしたり，ICチップを導入するなど，アニマルウェルフェアの考え方を採り入れたシステムに改善を」と提案したが，事務所側は聞く耳を持たなかった。結局，顧客に迷惑をかけると判断し，耳標の装着を余儀なくされる。「クリーマリー農夢」は頭数が少なく，個体識別は容易だ。杓子定規な役所の対応に今でも，「牛が可哀相なので，耳標は半分の大きさでいい」という思いを抱いている。

　「1頭の乳牛からは，1年1産で10産とらないと一人前の酪農家になれない」と，

佐竹さんは学生時代の恩師から教わった。生乳生産量の偏りを少なくするため，受精時期を遅らせることもあり教えどおりにはならないが，丁寧に牛を飼う。現在は，6頭の経産牛のうち7産と9産が半数を占め，残りは最近導入した牛たちである。

しかし，愛情を込めて育てても，最後は屠場に送るときがやってくる。妻の直子さんは最近，愛牛「なな」を出舎させたときの悲しみと感謝の思いを，牧場HPにつづった。

牛は家族の一員だが，「（酪農は）あくまで産業であり，全く乳が出なくなったら廃用にする」と佐竹さん。一方で，牧場を支えてくれた牛の系統を残したいとの思いも強い。「今も（4つある乳房のうち）2分房を切除した牛を飼っていますが，たとえ雌が生まれても廃用にはしないでしょう。そこが単なる産業とは違うところかな」と続けた。

搾乳体験や見学を受け入れ，AW認証にも意欲

写真3　明るい牛舎のなかでは自由に乾草を食べさせる

（一社）中央酪農会議の「酪農教育ファーム」に登録されており，搾乳体験や見学者の受け入れにも力を入れてきた。一緒に夕方の搾乳などを行う体験学習

（夏場のみ実施）が好評のようだ。1,200円の体験料を受け取り、牛乳とお菓子を提供する。2014年は、地元の小学生たち44人（2件）と、個人・家族で33人（11件）を受け入れた。後者のほとんどが旭山動物園の帰りに立ち寄る本州の人たちで、夏休みの時期は予約が殺到する。

搾乳体験を続ける一番の理由は、参加者から「牛が可愛かったね」という言葉が返ってくるからだ。飲んだ牛乳は目の前の牛から搾ったと説明すると、身近に感じてもらえる。

「参加者から、『実際の動物に触れられて、動物園よりも良かった』、『もう何カ月も経つのに、子どもが食事のときに搾乳の話をします』というお便りをいただくこともある。撮影した動画を編集し、DVDを送ってくれた人までいました」と手応えを感じている。

家畜福祉に関心を持つ人たちの見学も受け入れてきた。アニマルウェルフェアの普及や、さまざまな牛の飼い方があることを消費者に知ってもらうのが目的。14年の見学者は100人ほど（13件）で、その多くは道内在住者。なかには、日々の仕事のあり方に悩む若い獣医師が、解決の手がかりを求めて訪れたこともあった。

写真4　体験に訪れた子どもに哺乳の様子を見せる佐竹さん

見学者の一人で，三浦半島の耕作放棄地に牛を放牧し，搾った生乳をチーズに加工・販売する小さな牧場を創ることが目標の帯広畜産大生・伊藤野晴さんは，

「……こんなにアニマルウェルフェアに配慮した牧場が日本にあるのだ，と安心しました。日本全国の畜産のすべてが当たり前にアニマルウェルフェアに配慮し，その畜産物に対して適正価格が支払われたら，日本は物質的のみならず精神的に豊かになるのではないかと思いました……」

と感想を記した（（地球生物会議発行『ALIVE』2014年秋号）。ここは，アニマルウェルフェア畜産を志す人たちに対する，モデル農場の役割も果たしている。

佐竹さんは，畜産農家や研究者，獣医師，消費者・動物保護団体の関係者らが14年5月に設立した「北海道・農業と動物福祉の研究会」（瀬尾哲也代表）の主要メンバー。これまでの実践を紹介する一方，学習会の会場に牧場を提供することもある。

アニマルウェルフェア（AW）畜産の認証システムづくりに着手した同会は，乳牛の認証基準の作成を皮切りに，認証ロゴマークを付けた畜産物を食卓に届ける方法などを検討中。16年度中には，認証牧場第1号が誕生する見込みだ。

「付加価値の高い製品にすることで，生産者の動機づけになる。認証マークを付けることで，同じ牛乳や乳製品でも，いろんな飼い方があることを消費者に知ってもらいたい」（佐竹さん）

牛飼いの夢を実現してから18年の歳月が流れ，アニマルウェルフェアに配慮した小規模酪農と生乳の加工・販売を軸にした経営は，建設段階から成熟期へと向かっている。今後の課題は，放牧地を充実させ，有機酪農への転換を進めていくこと。手始めに，放牧場になっていた裏山の木を伐採し，心土破砕や堆肥散布をして，牧草の種子を播いた。

「クリーマリー農夢」を切り盛りしてきた佐竹さん夫妻は，あと少しで60歳になる。ストレスのない環境で丁寧に牛を飼い，健全でおいしい牛乳・乳製品を消費者に届けてきた酪農経営を将来，誰に託すのか――後継者問題も課題のようだ。
（2015年9月現在）

※北海道旭川市上雨紛539-9 「クリーマリー農夢」
　HP 〜 http://www7a.biglobe.ne.jp/~creamery-gnome/index.html

第2章　有機畜産のコミュニティづくり
―北海道せたな町"やまの会"

滝川康治

有機畜産の素地の上に農業者のコミュニティづくり

　人口8,600ほどのせたな町は，2005年に瀬棚・北檜山・大成の3町が広域合併して誕生した。合併前は，農家戸数のきわめて少ない大成を除く2町で，酪農や畜産，稲作，畑作といった多様性のある農業が営まれてきた。なかでも，瀬棚町（現せたな町瀬棚区）は，日本海に沿って南北に広がる丘陵地帯に酪農家が点在する条件不利地域のため，1960年代から離農が進行する。その一方で，酪農学園大学の出身者らが就農して地域に新風を吹き込み，80年代には「新規参入者が集まる町」として知られるようになった（松木洋一『日本農林業の事業体分析』日本経済評論社）。

　同町は90年代に入ると，海と山に挟まれ耕地面積が少ない地域性を逆手にとって，付加価値の高い農畜産物を作る施策を推進していく。有機畜産への転換をめざす酪農家の生乳には，独自に1kgあたり20円の奨励金を支給する事業をスタート。2002年には北海道では初めて「有機牛乳生産基準」を創設した。この基準は，「夏期間の放牧や冬期間の運動場，十分な寝わらや水の補給など，牛の社会的習性に対応できる十分なスペースなどを確保する」というアニマルウェルフェア条項も盛った，当時としては画期的なものだった（拙稿「"農と食"北の大地から――有機酪農の可能性」『北方ジャーナル』03年11月号）。

　こうした下地があったせたな町で5年ほど前の，「農業者のコミュニティを創り，独自ブランドを生みだせないか」との提案が行政側から示された。その試みを実現するために誕生した有機農業者グループが「やまの会」だった。

　隣の今金町でトマトなどの不耕起栽培を手がけ，自然栽培米も作る曽我井さんと，せたな町北檜山区で羊を飼い，トマトや米などを作る大口義盛さん（78年，旧北檜山町生まれ）が，まず集まった。仲間たちに声をかけ，野菜や畜産物などを持ち寄り，食事会を開いて交流することから活動を始めた。やがて，会員の食材を使い知己のシェフがコース料理を作り，客に味わってもらうイベント「やまの会レストラン」へと発展。ネットで告知すると，すぐに満席になるほど好評だという。

現在のメンバーは，曽我井・大口さんに，いずれもせたな町在住で，大豆や菜種，米などを自然栽培し，農産物加工も手がける富樫一仁さん（66年，釧路市生まれ），放牧酪農の村上健吾さん（1981年，旧瀬棚町生まれ），放牧養豚の福永拡史さん（77年，小樽市生まれ）を加えた5人。いずれも有機農業に勤しみ，都市住民や料理人，クリエーターなどとつながりのある30～40代の若手。Uターン農家と新規参入者がバランスよく参加している。

　「やまの会」は，シェフたちとよく交流する。2015年春には，函館市内のスペイン料理店主らが「世界料理学会」を立ち上げ，会員たちの食材を使った料理を提供する一方，トークタイムも。2日間で約800人が参加するイベントになった。「都市圏から遠いので，僕らが出向いて話をしたり，野菜などを食べてもらう。いろんな人が畑を見学し，その環境を感じてもらうようにしている。料理人の視点からトマトの生育時間と味との関係を語ってくれたりして，農業に対する刺激やヒントを得ることができます」（曽我井さん）

　料理人や都市住民らとの交流のなかから，新しいタイプの農業者が育っている。

写真1　「山のレストラン」ではシェフや都市住民ら一緒に，農場で料理を作る（提供／やまの会）

ライフスタイルを伝え，放牧やチーズの価値を発信

写真2　朝の野外搾乳を終えた村上健吾さん

　日本海を間近に望む高台に広がる42haの草地で50数頭の乳牛（うち経産牛は35～40頭）を放牧飼育する村上牧場。牧草や非遺伝子組み換え配合飼料を与えるホルスタインの生乳はホクレンに出荷し，ブラウンスイスとジャージーの生乳は農場産チーズの原料にする。

　牧場は，村上さん夫婦と両親の2世代経営。父の信夫さんは，15年ほど前に放牧酪農に転換するまで，繋ぎ飼いの畜舎で60頭ほどの乳牛を飼っていた。放牧で牛にストレスを与えないようにすると，乳量は減るが病気に罹りにくくなった。

　村上健吾さんは大学を中退後，十勝の花畑牧場でチーズの製造技術を学ぶ。Uターン後の08年にチーズ工房「レプレラ」（アイヌ語で「沖の風」の意）を開設し，熟成タイプをメーンに製造する。1996年から母親がアイスクリームとケーキの製造・販売を手がけており，乳製品のメニューが増えた。

　放牧の利点を考えると，牛は多すぎないほうがいい。頭数を減らし，ホルスタ

インとは別に，チーズ向けにブラウンスイス（現在8頭。うち経産牛3頭）とジャージー（同6頭。同4頭）を独自の飼料給与体系で飼う。夏場は昼夜放牧で青草を自由採食させ，富樫さんが提供する米糠をおやつ程度に与え，放牧地の一角で搾乳。冬は乾草が中心だ。

「こうしたやり方に転換して4年になります。チーズの品質に影響するので，酪酸菌が含まれるサイレージは与えません。今後は，熟成チーズ向きの生乳を生産してくれるブラウンスイスを増やしたい。いずれは，穀類なしの酪農をやりたいですね」

年間12tほどの生乳を乳製品向けに充てる。チーズの主な販売先は，地元消費をメーンにした直売や専門店，アンテナショップなどで，道内が中心。関東方面から引き合いもある。青草を食べて育った牛のオーガニックミルクに限定して製造するハード系の「カリンパ」は，15年春にJAL国際線ファーストクラスの機内食に採用される一方，北海道が認証する「北のハイグレード食品」にも選ばれた逸品だ。

参考にするのは，七飯町の大沼で動物を飼い，チーズを製造している山田農場の生き方（「山羊・羊・牛たちと共にある山小屋暮らしとチーズ作りの日々」『畜産の研究』13年1～12月号参照）。「僕らが必要とするのは，ビジネスのパートナーではなく，ライフパートナーじゃないかな。自然をベースにすると，そこに行き着きます」。チーズを販売するのは，自分の酪農のスタイルを伝え，放牧や生乳の価値を感じてもらいたいからだ。

1頭ずつ牛に名前を付け，屠畜後も「この子が肉になりました」とネットで告知し，レストランなどにも伝える。革職人に牛皮のなめし加工を依頼し，ネクタイにしてもらう。地元の子どもたちの酪農体験を受け入れる。PTAのパネラーとして中学校で話をする――いずれも，村上さん流の酪農の価値を発信していくための取り組みである。

仲間たちとつながり，放牧養豚を続ける

村上牧場の近くにある「ファーム ブレッスド ウィンド」(farm blessed wind = 祝福された風)は，50頭ほどの黒豚（バークシャー種）を飼う放牧養豚場である。代表の福永拡史さんは，3年前にこの農場を引き継いだ。

「やまの会」のリーダー格で，プロのスノーボーダー時代の先輩だった曽我井に薦められ，町内の農業法人で働いたのち，この仕事に就く。以前はスーパーで

第 2 章　有機畜産のコミュニティづくり　　13

写真 3　福永拡史さんと「ファーム ブレッスド ウィンド」の黒豚たち

豚肉を買う立場だったが，今では豚を育て，各地の顧客に豚肉を提供する。
「今の世の中は，食べることと動物を飼うことが切り離されている。（最終的には）殺すために飼うのを見ないようにしているのは，おかしいんじゃないかな」
と，率直な思いを語る。
　メンバーたちとは，加工副産物のホエーやおからなどと豚肉を物々交換することもある。新規参入の福永さんにとって，仲間の存在は大きかった。
「『やまの会』には先輩や仲間がいる。ここに入り，有機で放牧養豚をやるには一人ではきついので，ありがたいですよ。仲間が何度か仕事を手伝ってくれたこともあります」
　農業高校の元教員だった農場の前代表は，ここで 10 年間ほど放牧養豚を営んだパイオニア。中型で体が丈夫，肉質は柔らかく，臭みも少ないバークシャー種にほれ込んだ。今はニュージーランドに渡り，大規模な放牧養豚場で働いているという。
　経営面積は 3ha。3 分の 2 を放牧地（2 区画）に充て，1 年ずつ輪牧する。最近，子実採取用のデントコーンやジャガイモの栽培を始めた。農場を引き継いだとき，濃厚飼料の給与体系はある程度完成していたが，ネットなどで情報を集め，

さらに工夫を重ねてきた。今金産の規格外小麦をメーンに，町内産の大豆，輸入物のコーンや大豆粕などの原料を購入し，粉砕・混合して発酵飼料にする。母豚用，離乳期用，肥育用の3タイプを製造しており，豚たちの嗜好性もいい。
　改造した牛舎で4頭の母豚を飼い，肥育豚は放牧地と豚舎を行き来できる。雄豚も1頭いるが人工授精による繁殖を行ない，母豚は一度に10頭前後，年に1.5回ほど出産。分娩房は $10m^2$ 余りの広さがあり，子豚がつぶされないよう配慮している。子豚は，分娩房で生後40日齢まで，ほぼ母乳だけで育つ。出産直後の死亡事故はあるものの，離乳までの間に死ぬ豚は1～2頭と少ないという。断尾や歯切りはしていない。
　対尻式牛舎のコンクリートを剥がして深く掘り下げ，町内の稲作農家からもらった籾殻を1mほどの厚さに敷き詰めてある。農場周辺の降雪量は2m近くに達する時期もあり，冬場は舎飼いになるが，バイオベッドのおかげで豚たちは暖かい環境ですごす。
　飼育作業は一人でこなし，妻の真紀さん（78年，千葉県生まれ）が販売関係の事務処理や経理などに携わる。飼育条件や労働力などの面から規模拡大は難しいので，「これからも，50頭前後の規模で放牧養豚を続けたい」（福永さん）と意欲を見せる。
　年間40頭ほどの肥育豚を出荷し，札幌や函館，首都圏などの飲食店や個人客に豚肉を販売する。食肉加工に関する資格はなく，地元には無添加食品の加工業者がないこともあり，豚肉の加工は手がけていない。「うちの豚肉を購入するレストランは，放牧で育てることに共感してくれている，と思う。シェフが見学に訪れたり，僕のほうから知り合いのレストランに足を運んで話をすることもあります」と手応えを感じている。
　これからの目標は，農場に近くて見晴らしの良い場所にカフェをつくり，自分が育てた豚の肉を提供すること。「自家用のハムも造り，仲間たちと物々交換などが出来ないだろうか」と思いをめぐらせることもある。未知の農業の世界に飛び込んだ福永さんは，「やまの会」という頼もしい仲間を得て，自然体で放牧養豚を続けていく。

有機トマトと羊，自然栽培米を手がけて

　せたな町北檜山区の「よしもりまきば」代表の大口義盛さんは，農家の3代目。就農して17年になる。父の代から飼育してきたサフォーク種の羊を引き継ぎ，

今は130頭ほどを飼う。米やトマトなどの有機・自然栽培も手がけている。

就農当時は慣行栽培の米づくりが中心だったが，就農5年目にミニトマトを導入し，10年前からは不耕起栽培に転換。今は，水田10ha（うち4haは自然栽培）と7棟のトマトハウスを切り盛りする一方で，休耕田を利用して大豆や牧草を作り，羊を飼う。主力のミニトマトは，07年に有機JAS認証を取得し，今では年間6t前後を出荷目標にしている。出荷先の3分の2は東京の伊勢丹で，道内外の個人客や飲食店などが続く（注＝有機認証農産物としては流通させていない）。

羊は，30年前に近隣の5戸ほどの農家が導入したが，今では「よしもりまきば」のみが飼育する。飼料は生の素材にこだわってきた。牧草を中心に与え，はね品のトマトや米，大豆，カボチャ，米糠などを活用し，配合飼料は非遺伝子組み換えのものを使う。羊の肉は，オーダーが入ると準備を始め，精肉を出荷する。他の農場より廉価な1kgあたり3,000円で全国50ほどの飲食店に出荷してきた。

「……羊に旬の野菜を与え，その野菜は羊からもらう堆肥で美味しく育つ。そんな好循環がこの農場の特徴だ。この様に育てられた羊肉の評価は非常に高く，取引するレストランからは『非常に柔らかく，脂のクセも無いスッキリとした味わい』と評価され，道内や首都圏の飲食店を中心に人気の食材となっている」と，

写真4　有機トマトや米を作り，羊を飼う大口義盛さん

北海道渡島総合振興局のウェブサイト「南北海道 食彩王国」が記す。

　大口さんは，消費者向けの体験企画もやっている。「1頭あたり20kgほどの肉になりますが，今は精肉のみの販売です。肉の流通だけでは割り切れない思いがするので，毛刈り体験をやっています。全国から訪れる参加者には，刈り取った羊毛を持ち帰ってもらうんですよ」。「やまの会」のイベントには，食材の提供などを欠かさない。「シェフたちは，食べる方が喜んでくれる形に料理してくれるので，僕らはとても感謝しています」。農産物を作り，家畜を育てるだけの仕事ではない，楽しくなる農業のあり方を模索している。

　若手の有機農業者が集まり，生産物を軸に料理人などとつながり，大量生産できない食材の販路を広げる「やまの会」。2004年に新規参入した，「（有）秀明ナチュラルファーム北海道」代表で会員の富樫さんは，せたな町の魅力をこう説明する。

　「旧瀬棚町は，15年ほど前に"有機農業の町"として踏みだし，合併後も持続して有機農業に対する認識を持っています。だから僕たちも，地域に受け入れてもらえた」

　酪農家の村上さんは，「オーガニックの理念があって，仲間とのつながりのなかで目を見開く。そして，町外の人たちの声も聞いて自分たちの生活を再認識できる。そんな姿が，よその地域から羨ましがられることが多い」と話す。そして，「今まではイベント中心の活動だったが，これからは周囲の環境を守ることで健康な食べものができ，エネルギーも循環していく――というふうに，具体的な問題の解決につながる活動をやっていきたい。そのためにも僕は，放牧酪農とチーズづくりを成功させたいですね」と続けた。

　経済第一主義に走らず，多様な人たちとの交流のなかから，環境を守りながら豊かな有機農業の世界を追求する「やまの会」の今後の活動に，明日への希望を感じる。

※「やまの会」フェイスブック～https://www.facebook.com/yamanokai
※村上牧場HP～http://www12.plala.or.jp/mkfarm/index.html

第3章　多彩なマーケティングの放牧酪農
―北海道十勝しんむら牧場

滝川康治

　十勝平野の北に広がる丘陵地帯に草地や畑が続く，人口5千弱の北海道上士幌町。市街地から車で10分ほど行くと，放牧中の牛たちがゆったりすごす（有）十勝しんむら牧場がある。経営面積は草地と山林で95ha。乳牛155頭（うち経産牛は95頭）を飼い，牛舎やパドック，放牧地を牛たちが自由に行き来できる，アニマルウェルフェアにも配慮した牧場だ。

　1933年，富山県から初代が入植し，農場を創業。その4年後に乳牛を導入したのが，酪農の始まりだ。上士幌町農協組合長や衆議院議員も務めた，2代目の新村源雄さん（1919－1995年）は，「農業を国の基盤産業として明確に位置づけ，次代を担う若者が安心して国民の要望する食糧生産に意欲を持って取り組める政策を確立していかなければならない」という言葉を遺している。4代目の新村浩隆さん（1971年生まれ）は，2000年に牧場を法人化し，祖父の言葉を胸に放牧酪農を営んできた。

「牛を牛らしく」飼う放牧をめざす

　新村さんは，長時間労働など働く条件が悪く，他産業から見ても格好悪い農業が嫌いで，親のやっていた酪農には魅力を感じなかった。地元の農業高校を卒業し，酪農学園大学に推薦入学。次の世代に残せる仕事を模索するなかで，「農業は紀元前から続く産業。一生やれる仕事として，地道に階段を上っていくのが自分に合っているんじゃないか」と，実家の酪農を改めて見直す。そして，格好よく，誰もが憧れるような儲かる農業を一生涯続けたい，と考えるようになった。

　アニマルウェルフェアに対する関心は，そのころ醸成された。

　「（放牧は）動物本来の生態に近づけ，お金をかけずに健康的に飼える方法ではないか，と考えた。『牛を牛らしく』がスタートでした」

　大規模化して環境に負荷をかける農業は，顧客から必要とされない。健康な牛を育て，生産物を直接販売して価格の決定権を持ちたい――。新村さんは，一番の近道は放牧酪農だと確信するようになる。卒業後の1年間は北海道東部の別海町やニュージーランドで放牧の勉強を重ね，95年に牧場に戻って就農する。実

家は当時，牛舎に牛を閉じ込め，糞の掃除から搾乳，飼料給与まで，すべて人間が手をかける"介護酪農"をやっていた。

そこで，周囲に放牧への転換を宣言する一方，50万円ほどの予算で資材を購入し，牧柵を張って牛を放した。牛たちはよく草を食べ，乳も出て，まずまずの成果を収める。農業コンサルタントの Dr. エリック・川辺さんらに来てもらい，親を説得する…。5年ほどかけて，現在とほぼ同面積の35haまで放牧地を拡大し，デントコーンの栽培も徐々にやめて牧草一本の飼養体系を確立していく。さらに，新たにフリーバーン牛舎を建てる一方，既存の牛舎をアブレストパーラーに改造するなど，低コストで放牧がしやすい飼養環境を整えた。牛を拘束するのは搾乳時だけになり，牛たちの自由度が向上した。

だが，放牧酪農への転換は順風満帆に進んだわけではなかった。牛たちを放牧地に放しても，草地を一周して牛舎に戻るだけで，前と同じように「餌をくれ！」と鳴いたり，走ったりする。草地の状態が悪く，ミミズや昆虫，微生物の少ない土のままで，牛の健康にとって良くない草の成分になっていた（「"農と食"北の大地から」コープさっぽろ農業賞フォーラムの記録『北方ジャーナル』07年4月号）。

土の多様性を豊かにすべく改良を進めた結果，糞の分解速度が上がり，今はミミズだけでなく，さまざまな土壌生物が棲息する。放牧に転換したころは半径1mもあった牧草の不食過繁地は，5〜10cmほどしかない。土壌分析の結果に応じ，堆肥と10aあたり年間30〜50kgの化学肥料を散布し，土の健全性を保っている，という。

最近，帯広畜産大学の谷昌幸教授（土壌学）が牧場内の3カ所に深さ1mの穴を掘り，根の張り方や土の状態などを調べると，一番良いところは80cm，採草地でも60cmの深さまで牧草の根が入っていた。

「世界中の土を見てきた谷先生は，『人間が作ったところで，ここまで根が入ったのを見るのは初めて』と驚いていた。30年以上も草地更新や心土破砕をしていない畑なのに，生物が土を軟らかくしてくれた。うちは，アニマルウェルフェアの考え方を草地にも当てはめ，土の状態に反映させている。農薬を撒いたり，耕して反転することは生態系を崩すことになる。過剰な堆肥も散布せず，いかに生物の多様性を豊かにするのかが大事です」

冬場も牛の行動の自由を確保

　新村さん流のアニマルウェルフェア畜産の定義は次のようになる。
①放牧だからといってストレスがないわけではなく，暑さや寒さ，雨，風，直射日光など自然環境内でも牛たちはストレスを受ける
②土が悪ければ生えている草がまずく，そこに放牧すると牛たちには食べるものがなく，ストレスになる
③家畜を飼い，経営全般のバランスをとることが，アニマルウェルフェアの実現にもつながる
④最終的に，人も牛も微生物も虫もハッピーになること

　しんむら牧場の搾乳牛は，16の区画で集約放牧され，採草兼用地は設けていない。さらに，広さ400m²ほどのパドックとつながった放牧場1カ所と，育成牛用の放牧地4カ所があり，食べ残しが目立つ草地には乾乳牛を後追い放牧する。

　冬場，牛たちはフリーバーン牛舎とパドック，広さ1haほどの放牧地を自由に行き来できる。牛舎の床は全面，戻し堆肥によるバイオベッドにしており，「敷料の表面から15cmほどの位置で15℃になるので，真冬でも凍りません」。1日のうち，牛の搾乳時にパーラーへ拘束するのは，最短で30分未満，最長でも4時間ほどという。

写真1　「十勝しんむら牧場」の放牧風景。放牧に転換して20年余りになる

牛たちには，放牧地の青草（夏場）とラッピングした自家産グラスサイレージ（通年），食塩，ミネラルを自由採食させる。成牛には，デントコーンに代わるエネルギー源として，飼料会社が製造した粗飼料主体の発酵飼料を1日5～10kg与える。経産牛1頭あたりの配合飼料給与量は，搾乳中は2～5kg/日，乾乳期は1kg/日と少ない。

　農業と動物福祉の研究会（東京）が13年秋に開催したセミナーで，十勝しんむら牧場の傷病事故件数が紹介された。乳房炎や乳熱，繁殖障害など28件の診療があり，上士幌町内68戸の平均件数の半分にとどまっている（同年1～8月，成牛の場合）。放牧酪農が軌道に乗り，牛たちの健康度が高いことを窺わせる。

商業者と出会い販売戦略を磨く

　生産される年間750tほどの生乳は，全体の3割前後を自社で加工し，残りは指定生乳生産者団体のホクレンに出荷する。

　自分の牧場で搾った生乳を牛乳や乳製品に加工し，みずから値段をつけて販売することは，新村さんが20代のころからの目標だった。17年ほど前，ある外食産業の経営者から，「今さらバターやチーズを造っても将来性がない。バターを使ってケーキをつくり，加工度を上げるといい。それが付加価値になる」と助言を受けたが，具体的な手法になると想像すらできなかった。

　そんななか，フランスを訪れた人からミルクジャムの話を聞く。日本ではまだ商品化されておらず，空いている車庫を加工施設に改造し，試行錯誤をくり返して2000年に商品化にこぎ着けた。国産第1号のミルクジャムは好評を博し，当初の3週間で100万円の売り上げを記録。この年に牧場を法人化し，「放牧牛乳」やチーズケーキなど菓子類，クロテッドクリーム，焼き菓子，ヨーグルトなどを相次いで発売していく。

　05年には，牧場の一角にショールーム「クリームテラス」をオープン。酪農の現場に来てもらい，空気を吸い，草を食べる牛を見て，スタッフとも接する――そんな場所を顧客に提供することが開店の目的だった。家族3人と実習生1人で始めた法人だが，今ではエスタ帯広駅店（07年開店）も含めると，スタッフは15人ほどに増えた（うち牧場スタッフは新村さんら3人）。主力商品の「ミルクジャム」は10数種類に増え，全国各地の雑貨店やカフェ，スーパー，百貨店など300店ほどに卸す。

　新村さんは，酪農家であると同時に，自社で製造した食品を販売する商業者の

写真2　カフェや直売所も併設している「クリームテラス」

顔も持つ。みずからのマーケットを創ったうえで，事業の拡大や加工の道を追求してきた。

　放牧酪農が壁にぶつかっていた90年代半ば，全国各地でハンバーグレストラン「びっくりドンキー」を展開する（株）アレフの庄司昭夫・前社長（故人）らと出会う一方，東京の（株）商業界が主宰する「商業界ゼミナール」の存在を知る。

　同ゼミの創始者は，全国の商業者に「損得より先に善悪を考えよう」などの教えを残し，「日本の商人の父」とも呼ばれる倉本長治さん（故人）。年1回，3泊4日の日程で専門家による講義に耳を傾け，参加者同士の体験や悩みを共有する場になっていた。「全国から商業者が1,300人ほど集まったのですが，農業者の参加は僕だけで，とても目立った。『自分が搾った牛乳を加工して販売したい』と話すと，参加した人たちがいろんな商業者を紹介してくれた」。新村さんは現在，同ゼミナール北海道地区の会長を務める。

　北海道中小企業家同友会とかち支部に加入したのも，25歳のころだ。同支部には現在，900社ほどが加入し，うち170社が農業経営部会に所属している。部会長の新村さんは，仲間たちとの販売戦略などの勉強に余念がない。

　「今の僕があるのは，さまざまな集まりで出会った人たちの存在が大きい。紹介を受けた会社も見学し，体験を積み重ねてきた。農業者は，儲けることの意味

をよく分かっていないのではないか。適正価格で販売し，お客さんから支持されるなかで利潤を上げることを学ばないと，（農畜産物に）値段もつけられません。コンセプトをきちんと作り，経営理念を持つことが大切です」

アニマルウェルフェアを理解する店とつながる

　多くのバイヤーが牧場を訪れるが，みずから商品を持ち込んでスーパーや百貨店などへ営業に出向くことはしない。「商談会や展示会には参加しますが，営業をすることで制約を受ける。うちの商品が欲しい人が買いに来てくれればいいのです。そのためにも，『買いたくなる牛乳を生産する牧場』でなければならない。エンドユーザーに現場を見てもらわないと，結局は価格で決められてしまう。『ここの牛乳だから飲んでみたい』というお客様とのつながりを創っていかなければなりません」と新村さんが力を込める。

　そのためのセールスポイントの一つがアニマルウェルフェアだ。「フェアトレード的に買い支えていただく方向を考えたい」と将来を見すえる。一方で，マーケットにアニマルウェルフェアが入っていく仕組みを創っていくことも急務という。

写真3　東京のスーパー福島屋の店頭に並ぶミルクジャム

近年，東京都羽村市に本店がある「福島屋」とのつながりを強めている。都内に5店舗を展開する（株）福島屋は，安売りをせず，チラシを撒かずに40数年間，黒字経営を続ける異色のスーパー。旬にこだわった自然栽培の野菜や果物，素材を吟味して全国の生産者と創り上げたオリジナル商品などを扱う。

　福島屋の本店では，乳製品コーナーの一角にしんむら牧場の案内板が設けてある。週2回入荷する「放牧牛乳」（720ml瓶550円＋税）は，各店舗で毎週120本ほどを限定で販売している。「土曜日の入荷分はすぐなくなる。お客さんは美味しければ買い求めます。北海道の乳製品には草原や放牧のイメージがあり，一目置かれる存在。（アニマルウェルフェア畜産商品は）『ストレスのない飼い方をした…』といった形で消費者に伝えていくといいのではないか」（安永智哉店長）。福島屋のようなスーパーに期待を寄せる新村さんは，「今後も，アニマルウェルフェアを理解しようとする店とつながり，新たな販売展開を図っていきたい」と意欲を見せる。

「放牧養豚」で山林を生かす

写真4　山の中で子育てをする母豚。笹の葉などで巣を作り自然分娩した
（提供：十勝しんむら牧場）

　十勝しんむら牧場は2015年7月，3頭の母豚を導入して放牧養豚を始めた。

放牧地は，山林と草地あわせて 11ha。将来は，母豚 10 頭と肥育豚 150 頭ほどを飼育する一方，加工品も製造して牧場経営のすそ野を広げていく。

新村さんは，「おいしいベーコンを食べたい」と，8 年前から養豚場の見学や飼料業者との勉強会を重ねてきた。病気などが気がかりだったが，10 年前から草刈り用に飼育しているヤギの様子を観察するなかで，「このやり方で試してみよう」と決断。北洋銀行などが農業生産法人を支援する道内初のファンド第 1 号に選ばれ，500 万円の出資を得て牧柵などを整備。恵庭市内の農業と環境コミュニティ「えこりん村」から生後 1 年，2 種類の三元豚を 3 頭導入した。7 月下旬から 9 月上旬にかけて，母豚たちは笹の葉や山の腐葉土で巣を作り，合わせて 28 頭を自然分娩している。

数年前，「えこりん村」で豚を山に放牧している姿を見て，そのエネルギーに圧倒された。「もともとイノシシなので，豚は山でこそ魅力がある」と考え，牛でも使いにくい未利用地に放牧する。豚は，草や木の根，土，配合飼料を食べて育つ。カウハッチを置いてみたが，雨の当たらない木の根元で分娩し，子育てをする。

山林の自然環境が維持される範囲で豚を飼い，年間 100〜150 頭を出荷するのが当面の目標だ。母豚には 1 年に 2 回ほど，生涯で 8〜10 回ほど出産させ，屠畜場に送るのが一般的な飼い方だが，ここでは 1 年 1 産の"地豚"にするという。肥育豚は，生後 6 カ月〜10 カ月ほどで出荷し，ベーコンやサラミなどに加工する一方，精肉でも販売していく。

「豚の導入で牧場の多様性がさらに豊かになった。柵越しに豚を見られるので，一般の人にも豚の生態を知ってもらいたい。将来的には，山林の中で豚と鶏を混牧し，キツネに襲われないよう豚が鶏を守ってくれる…。そんな牧場になっていくといいですね」

農業の可能性を追い求めてきた新村さんの夢はさらに広がる。

(2015 年 10 月現在)

※（有）十勝しんむら牧場：北海道河東郡上士幌町字上音更西 1-261
　HP：http://www.milkjam.com/

第4章　有機肉牛生産システムの開発
―北里八雲牛ブランド

小笠原英毅

北里八雲牛開発の推移

　北里大学獣医学部附属フィールドサイエンスセンター八雲牧場(以下,八雲牧場)は1976年に開設された。当初は370haの広大な面積を利用した肉牛の放牧飼養による牛肉生産を目指したが,時代の流れから安価な輸入穀物飼料を利用した脂肪交雑重視の牛肉生産に移行していった。しかしながら,穀物飼料主体の飼養管理により草地は荒廃,飼養頭数の増加に伴って,家畜ふん尿の処理問題が発生し,周辺環境への影響が表面化した。これを機に大学附属牧場として「現行の穀物多給の畜産方式から脱却を図り,未利用資源を最大限に活用した畜産方式を確立し,その最先端を目指すべき」との理念を掲げ,1994年に自給飼料100%による牛肉生産方式に転換した。

　生産開始から3年後の1997年には独自の販売ルートを開拓し,「ナチュラルビーフ」という名称で首都圏の生協団体に販売を開始したが,消費者は安価で柔らかい牛肉を求めたため,売れなかった。このため,八雲牧場ではまず,自給飼料100%による牛肉生産方式を「北里八雲」で商標登録し,この方式で生産されたウシを「北里八雲牛」と命名,ブランド化を図った。主要品種は放牧適性と粗飼料利用性に優れる日本短角種の純粋種(N)と日本短角種とフランス原産の乳肉兼用種であるサレール種との交雑種(SN),この交雑種に日本短角種を戻し交配させたF2(NSN)の3品種である。これらは1994年の取り組み当初から,和種では黒毛和種,日本短角種,褐毛和種,外国種ではアバ

写真1　肉用牛で国内唯一の有機JAS認定取得している八雲牧場

ディーン・アンガス種，シャロレー種，ヘレフォード種など放牧と粗飼料に適した品種を模索した。その結果，日本短角種とサレール種のF1種が最も放牧と粗飼料肥育に適した品種であることを見いだした。日本短角種と比較してSN種は哺乳期の日増体量が約1.3倍も高く，この増体量の高さは肥育後期まで続き，このように風土に適した品種の造成に成功している。

北里八雲牛の生産体制と町内普及

写真2　放牧と自給飼料のみで生産される北里八雲牛

　北里八雲牛の生産方式は，夏は放牧（給与飼料は放牧草のみ），冬は舎飼い（給与飼料はロールラップまたはグラスサイレージのみ）の夏山冬里方式を採用し，出生から出荷に至るまで生涯を通じて放牧と自給飼料100％で生産する（北里八雲方式）。八雲牧場では有機的な牛肉生産方式を確立するために，2005年にはデントコーンサイレージの栽培・給与と草地への化学肥料・農薬の施肥を中止し，完全な有機的牛肉生産方式に移行した。その結果，2009年には肉用牛で初めて有機JAS認証を取得し，現在では国内で唯一，有機牛肉を生産する牧場となっている。このように現行の我が国の牛肉生産方式との対極化を図ること，すなわち，

有機的管理草地を中核とした資源循環型畜産による牛肉生産方式を確立させた。

繁殖方法は人工授精（50%），受精卵移植（10%），自然交配（40%）で，出産方式は，夏期は放牧地で，冬期は専用牛舎での出産であり，放牧地や広い牛舎で育てられた繁殖牛は足腰が強く，難

写真3　舎飼期でも繋ぎ飼いはせず，十分な飼養スペースを確保

産になりにくいため，分娩介助の必要がほとんどない。出生後，子牛は6ヶ月間，母牛と一緒で，哺乳期の飼料は自然哺乳で飲みたいだけ飲むことができる乳と放牧草，またはグラスサイレージで飼養される。哺乳期の日増体量は1.0〜1.2kg/日であり，6ヶ月齢の北里八雲牛の平均体重は260kgとなる。離乳後も放牧と自給飼料100%で飼養され，月齢30ヶ月または生体重660kg以上を目安に各取引先へ出荷している。現在，年間の出荷頭数は約60頭（町内産も含む：後述）で，昨今の赤身牛肉ブームの影響で需要の高さから出荷頭数の増頭が課題となっている。

八雲牧場の敷地面積は370ha（林野地を含む）で，草資源だけで肉用牛を生産するには生産頭数に限りがある。増頭の一策として，2006年から八雲牧場では道南有数の草地基盤を有する八雲町の特色を活かして「北里八雲」方式の地域普及を行っている。八雲町の地域活性化につなげるべく，八雲町内の関係機関（北里大学八雲牧場，八雲町役場，渡島農業改良普及センター，道南NOSAI組合東部支所，JA新函館八雲基幹支店など）が「北里八雲牛普及推進協議会」を設置し，普及拡大に取り組んでいる。普及方法としては酪農家が所有するホルスタイン種に北里八雲牛の受精卵を移植し，出生後，哺乳期は生乳哺乳で飼養，離乳後，夏期間は町内育成牧場での放牧と冬期は酪農家の自家産サイレージのみを給与し生産する乳肉複合経営モデルの構築を目指している。関係機関の役割分担は

受精卵の作成と無償提供を北里大学が，協力酪農家の推薦を八雲町役場とJAが，受精卵移植をNOSAIが，全体的な技術改善，生産コストの精査を普及センターが担っている。また，八雲町からは夏期間に放牧する育成牧場の預託料を1/2助成，JAからは地域振興費の一部として出生した時点で2万円/頭の助成を頂き，経済面の支援も地域全体で受けられるような体制を整えている。しかしながら，昨今の子牛価格の高騰が影響して，北里八雲方式では経済性の観点から，生産頭数が伸び悩んでいるのが現状である。解決策としては，理念の啓蒙活動を行うとともに八雲町と北里大学で連携協定（H27.7.6.締結）を結び，平成26年度から5年間，「北里八雲牛生産拡大支援事業」を始め，生産農家には前述の助成とは別に4万円/頭の補助を行う事業を開始している。

北里八雲牛の出荷販売システムと牧場の経営状況

大学の附属牧場は学生の教育・研究の場として存在するが，一方で経営収支バランスをとることが求められる。八雲牧場では経営と教育・研究という両立が難しい牧場運営が求められている。また，牧場で開発した生産技術が現場に普及するためには，生産過程および生産物の科学的根拠とともに経営収支が健全であることが極めて重要である。

写真4　北里八雲牛をつくる人（牧場スタッフ・町内生産者）・販売する人（マルハニチロ（株）・東都生協）・届ける人（東都生協センター職員）

北里八雲牛の販売価格は実用的な再生産が可能な価格として枝肉単価で1250円/kgと設定させていただいている（枝肉単価とは別に生体輸送料，屠畜料，部分肉加工料などが加算される）。この価格は生産に関わる資材費が極端に上昇しない限りは変化しない。すなわち穀物価格や市場の牛肉価格の変動に影響されず，生産者にも消費者にも安定した食料供給および需

要を達成させることが可能となる。

　北里八雲牛の主な販売先は生協団体の東都生活協同組合（東都生協）と老舗の牛肉卸問屋の株式会社小島商店である。

　東都生協ではマルハニチロ株式会社（マルハ）に枝肉の状態で販売し，マルハが部分肉からコンシューマーカットおよび牛肉在庫を管理している。販売方法は当初，毎月の販売紙面で各部位ごとの販売を行っていたが，売れ行きが良いのはロースなどの高級部位ばかりでモモやバラなどの低級部位は多くの在庫を抱えることが多かった。部位消費のバランスを健全化するために2010年より北里八雲牛を「北里八雲牛登録セット」として販売することを企画した。これは6ヶ月連続で毎月一回，異なる部位が2つ届くことで，北里八雲牛の全ての部位を味わえるシステムとなっている。企画時の初期登録セット数は約400セットで，年々増加し，2015年8月時で約1700セットの登録と，前述の在庫消費の問題は現在では解決している。

　セット販売は余剰在庫の解消に大いに貢献したが，北里八雲牛の生産理念と一頭の牛の部位を全て味わってもらいたいと消費者に伝えなければセット数は増加しない。そこで八雲牧場では生産者と消費者とのコミュニケーションツールとして，赤身牛肉の調理に適したレシピ（北里保健衛生専門学院岡山和代講師が担当），八雲牧場の現況，北里八雲牛に関する消費者の疑問への回答などが記載された「北里八雲牛通信」を毎月発行，登録セットと同封している。また，生産者−販売者の顔の見える産直販売の利点を活かしてユニークな活動を行っている。それは短期間であるが生産者が販売者の仕事を，販売者が生産者の仕事を体験することで，北里八雲牛の魅力を消費者・販売者に直接伝える取り組みである。販売促進に当たって重要なことは，消費者はもとより，販売職員に北里八雲牛を知ってもらうことである。配送職員が北里八雲牛を知らなければ，消費者にも勧めることはできない。この逆も同様で生産者が販売者の苦労を知らなければ，販売者は北里八雲牛の生産にかける生産者の「想い」を消費者に届けてくれない。その結果，生産者から販売者，消費者に至るまで「北里八雲牛の生産を通じて地域の畜産業を支えようとする想い」が共有できる。この取り組みは2014年から行っているが，取り組みを行った配送センターでは配送職員が自らの意思で手書きの北里八雲牛チラシを作成し，精力的に販促していただいたおかげで他センターとは異なり，特異的にセット数を受注している。今後，他センターで同様の取り組みを行っていけば，北里八雲牛の販売頭数の増加が見込まれ，八雲町内での生産へのモチベーション

写真5　草熟北里八雲牛の赤身肉の特性を活かした加工品開発

が高まることは確かである。このように特徴的な生産物を販売する場合，いかに生産者から販売者まで情報と想いを共有できるかが重要である。

一方，株式会社小島商店では首都圏のレストランや有名百貨店で販売しており，A5ランクの霜降り牛肉の真横で脂肪が黄色い赤身牛肉が陳列されている。小島商店での販売方法の詳細は割愛するが，北里八雲牛は宅配型の固定消費者を持つ生協と百貨店，レストランなど多方面に販売できる形態を持つ卸問屋への販売で，両者の商圏，消費者層が重ならず，より北里八雲牛の情報を広く拡散でき，消費者に生産者の顔の見える，いわゆる産直方式での販売を行っている。

八雲牧場の特徴的な販売として，2産以上分娩した母牛を草熟北里八雲牛として出荷し，加工品4種（ビーフシチュー，レトルトハンバーグ，レトルトカレー，コンビーフ）の原料として使用している。これら加工品は毎年，新宿高島屋で開催される「大学はおいしいフェア」などに活用している。また，サーロインなどの高級部位は草熟北里八雲牛の精肉としてレストランに販売している。さらに精肉の一部を八雲町内の醸造会社が製造・販売している塩麹を使用して精肉店で加工することで，本来は硬い経産牛の牛肉を柔らかくし，一般的な牛肉の風味とは異なる「草熟北里八雲牛の塩麹付けサーロインステーキ」として販売している。これら製品は地元物産展などに精力的に出展し，地元町民への北里八雲牛の周知活動の一環としても利用され，地元物産所において八雲町のブランド商品として販売することで，地域経済活性化に繋がるよう試みている。以上のような北里八雲牛および草熟北里八雲牛の販売収益で八雲牧場の経常利益は生産コスト（人件費を除く）と同等以上を達成している。

北里八雲牛を生産する科学的意義

北里八雲牛を生産する上で，生産理念も重要ではあるが，大学附属牧場として

北里八雲牛の生産に関わる科学的根拠を蓄積する義務がある。これまでの研究の主たる成果は 1) 放牧と自給粗飼料のみでの生産に適した品種である日本短角種とフランス原産の乳肉兼用種であるサレール種との交雑種（SN），この交雑種に日本短角種を戻し交配させた F2（NSN）の品種の造成に成功したこと（日本短角種にサレール種を交雑すると皮下脂肪厚が抑制され，歩留まりが向上する），2) 北里八雲方式で生産された牛肉は抗がん作用や免疫賦活化作用を有する共役リノール酸含量が，穀物肥育の黒毛和種（慣行肥育牛）と比較して著しく高いこと，3) 栄養学的に脂肪酸の摂取割合として推奨されている n-6/n-3 系脂肪酸の割合が 4 以下の基準を満たしていることが挙げられる。放牧飼養が肉質に与える影響として，慣行肥育牛と比較すると北里八雲牛の牛肉中脂質含量は 1/5 も低く，北里八雲牛の中でも舎飼仕上げ（春出荷）と放牧仕上げ（秋出荷）では秋出荷の牛肉は脂質含量が低いため，さらにヘルシーな牛肉となることが明らかとなっている。また，筋組織を構成する筋線維にはそれぞれに特徴的な性質をもつ筋線維型（ⅠD型，Ⅰ型，ⅡA型，ⅡB型）が存在するが，放牧飼養の北里八雲牛では脂肪燃焼作用を持つカルニチンが多く含まれる赤色筋線維（ⅠD型，Ⅰ型，ⅡA型）の構成割合が多いことも明らかになっている。

八雲牧場のアニマルウェルフェアの実態

　これまで，八雲牧場では特段に家畜福祉を意識した飼養方法を追求してきたわけではない。しかし，北里八雲牛の理念自体が家畜にとって合理的，すなわち快適な飼養環境を与えている。とくに夏山冬里方式，つまり放牧を中心とした牛の飼養環境は相当程度のアニマルウェルフェア視点での合理性も持ち合わせている。冬期の飼養環境についても同様である。

　たとえば，家畜のアニマルウェルフェアを考える上で，1 頭あたりの飼養スペースが十分に確保されているか，不必要なストレスがかからない環境であるかが重要視される。有機畜産物の JAS 規格で定める飼養スペースは肉用牛では 5m^2，繁殖牛で 3.6m^2 であるが，北里八雲牛の 1 頭あたりの飼養スペースは放牧期で育成牛：約 1160m^2，肥育牛：約 700m^2，繁殖牛（子付きの場合もある）では約 1491m^2 で，舎飼期では育成牛：約 9m^2，肥育牛：約 13m^2，繁殖牛では約 19m^2 である。このように夏期および冬期，成長のどのステージに関わらず，北里八雲牛が手足を伸ばして横たわれるような光景が見られる環境が整えられている。一方で，肉用牛生産には牧場スタッフの安全確保および肉質向上のため，除

角・去勢が不可欠で，この点をアニマルウェルフェア視点でマイナス査定をされるとしても現状ではやむを得ないものである。しかしながら，除角・去勢を行わずに安全面の確保と肉質向上を達成させる技術を追求していくことも大学の研究機関としては今後の重要な課題と考えている。

アニマルウェルフェアに立脚した赤身牛肉の適正な評価

　国内の牛肉市場では昨今の消費者の健康志向の高まりや赤身牛肉への関心の高さから，これまで脂肪交雑重視であった牛肉評価も少しずつ変化している。事実，「北里八雲牛登録セット」の購入者数は2010年度の開始時から2015年度では3.5倍に増加し，2012年に開催された第2回北海道肉専用種枝肉共励会では北里八雲牛の枝肉が日本短角種部門で最優秀賞を受賞した（現在まで毎年，会長賞，赤身賞などを受賞）。日本短角種部門の評価基準では通常の枝肉格付け評価と独特な飼養管理（放牧および環境負荷軽減など）が評価されたが，従前の脂肪交雑重視の格付けでは，北里八雲牛のような赤身牛肉が受賞する可能性は皆無であった。この時の受賞理由は放牧を主体とした自給粗飼料100％で生産されていながら，歩留まり（枝肉重量/出荷時体重）が60％と産肉性が高いことが評価された。このように霜降り牛肉を評価する市場でも少しずつ赤身牛肉に対する認識に変化が見られる。現在はアニマルウェルフェアに立脚した赤身牛肉の適正な評価基準が存在せず，今後，適正に評価する基準が作成されれば，アニマルウェルフェアを念頭においた生産方式の普及と赤身牛肉の生産基盤および消費が拡大し，国内における牛肉生産量も増加すると予想される。日本国内においてアニマルウェルフェアに配慮した牛肉の生産および販売は生産，流通，販売，消費の全てのカテゴリーでまだまだ理解が進んでいないように思える。アニマルウェルフェアを生産および経済活動と結びつけなければ普及の拡大は難しい。北里八雲牛の生産・販売の推進がアニマルウェルフェアに立脚した赤身牛肉の適正な評価に繋がればと願っている。

　これら八雲牧場が実践する生産・販売・教育・研究活動は将来的に北里八雲牛の販売促進と現行の輸入穀物に依存した加工型畜産に一石を投じ，北里八雲牛を生産する上で重要な崇高な理念の普及に繋がるものと期待している。研究機関としての責務は現行の生産現場に応用可能な技術を構築し，普及することであり，それに伴う家畜生産過程を含む畜産物に対する科学的優位性を実証することである。今後も北里大学は実践的な研究を邁進することで，アニマルウェルフェアを含む新しい日本の畜産業の発展に貢献していきたい。

第5章　放牧酪農認証牛乳の開発
―北海道忠類酪農とよつ葉乳業

植木（永松）美希

はじめに

　一般社団法人日本草地畜産種子協会が認証した放牧酪農牛乳認証第3号である「よつ葉放牧生産者指定ノンホモ牛乳」を取り上げる。

　この牛乳は，高度経済成長期に子供達に安全安心な牛乳を飲ませたいという母親達の強い思いから始まったよつ葉牛乳の共同購入グループの運動の長年にわたる継続から誕生した。共同購入は単なる商品購入の手段ではなく産消提携とも言い換えられる特に日本で発達した消費者運動の1つの理念といえるだろう。筆者は今後の日本酪農の継続発展には消費者の酪農への理解と応援が極めて重要な鍵を握ると考えている。今回の放牧生産者指定ノンホモ牛乳は，酪農生産から牛乳消費までを一貫してマネジメントする新しいタイプの酪農乳業フードチェーンでもある。生産には北海道JA忠類管内の5戸の生産者が関わっている。北海道は日本の酪農の中心である。その酪農王国での取り組みという点からも注目できる事例であろう。認証取得第2号は同じく北海道内の個人酪農家である。個人の場合，放牧や放牧認証を活用した多様な経営の展開が実践されているので，また別の機会に是非取り上げたいと考えている。もちろん放牧を実践しながら認証を取得していない酪農家も多く存在するが，今後の日本の酪農経営の発展と多様性を考える上では，認証取得は大きな選択肢の1つとなるであろう。

JA忠類生産者について

(1) 経営の概況と放牧認証取得

　JA忠類のある北海道中川郡幕別町は，北海道帯広市に隣接しており，正組合員数110人（78戸）である。町では農家の法人化を進めているため，1戸につき複数組合員が存在する場合もある。総生産額のうち生乳生産額が約81％を占めており，酪農が主要な経営形態であることが理解できる。その他には肉牛や畑作生産となっている。JA管内の総酪農家戸数は56戸であり，生乳生産量は4万8千594tとなっている（2014年末）。これらは全量よつ葉乳業十勝主管工場に出荷さ

れているが，そのうち（一社）日本草地畜産種子協会の放牧実践認証を受けている5戸分の放牧乳牛から生産された生乳は，他の一般牛乳とは完全分別集乳されている。加工も，同じくよつ葉十勝主管工場ではあるが，一般の生乳とは別ラインの72℃15秒殺菌でなされている。乳価についても約10円高いプレミアム乳価がつけられている。このようにして製品化された牛乳が「よつ葉放牧生産者指定ノンホモ牛乳」として全国各地のよつ葉牛乳共同購入グループを通じて販売されている。

　表1は認証生産者5戸の経営の概況をまとめたものである。放牧は，最も早いA農場で1992年には取り組みを始め，最も新しく参加したC農場でも2000年に転換しており，放牧を開始して15年から23年の長い年月が経過している。放牧酪農実践牧場認証は，2013年12月にJA忠類が窓口となって5戸揃って取得している。

　この5戸の酪農家のうち，北海道の酪農家の平均的な飼養頭数規模68頭を上回っているのは，72頭飼育しているB牧場1戸のみであり，残り4戸は，最も少ないA牧場で39頭であり残り3戸も50頭台であることから北海道の中では，平均規模以下に位置している。

表1　JA忠類放牧生産者の経営概況

	A牧場	B牧場	C牧場	D牧場	E牧場
放牧開始年	1992年	1995年	2000年	1990年	1997年
経営形態	個人	個人	個人	個人	個人
飼養品種	ホルスタイン	ホルスタイン	ホルスタイン・一部ジャージー	ホルスタイン	ホルスタイン
飼養頭数合計（うち放牧）	73 (39)	96 (72)	91 (57)	88 (56)	89 (89)
成牛（うち放牧）	39 (39)	72 (60)	51 (51)	56 (56)	54 (54)
育成牛（うち放牧）	34 (0)	24 (12)	40 (6)	32 (0)	34 (34)
経営面積 ha	40.0	55.9	66.9	46.3	63.0
うち牧草地	12.0	15.5	14.0	16.0	14.0
うち採草地	28.0	35.9	43.7	25.3	35.0
うち兼用地	—	4.5	9.2	5.0	14.0
草種・放牧地	TY・OG・MF・WC	PR・OG・TY・WC	TY・MF・PR・OG・WC	TY・MF・PR	PR・MF・WC
採草地	TY・WC	TY・WC	TY・WC	TY・WC・RC・A	TY・WC
兼用地		PR・OG・TY・WC	OG・TY・WC		TY・MF・WC
放牧面積/頭	30.8a	26.9a	32.6a	33.0a	37.5a
放牧期間	5月1日～11月初	5月1日～11月初	5月1日～11月初	5月1日～11月初	5月1日～11月初
放牧形態	集約放牧	集約放牧	集約放牧	集約放牧	集約放牧
牧区	17	13＋兼用地4	26＋兼用地5	17＋3	14

資料：日本草地畜産種子協会データとヒアリングから作成
＊ TY：チモシー，OG：オーチャードグラス，MF：メドウフェスク，WC：白クローバー，RC：赤クローバー，A：アルファルファ，PR：ペレニアルライグラス

表2 年間出荷乳量等

	A牧場	B牧場	C牧場	D牧場	E牧場	5戸平均
年間出荷乳量（t）	290	476	360	360	353	367.8
1頭当たりの産乳量（kg）	7,400	6,800	7,000	6,400	7,200	6,960
平均乳脂率（％）	3.68	3.90	4.30	4.32	4.00	4.04
平均無脂固形分率（％）	8.79	8.70	8.80	8.53	8.70	8.70
平均分娩間隔月	14.7	16.4	15.0	14.6	14.8	15.1
平均産児数（産）	2.5	2.6	2.7	3.6	3.5	2.98
乳飼比（％）	31.0	21.1	32.5	24.9	22.7	26.4
粗飼料自給率（％）	100	100	100	100	100	100

(2) 乳牛の飼養方法

乳牛の放牧期間は，公表データでは5月から11月初旬となっているが，その年の気候が許す限り長く放牧されている。また冬場も日々の飼育においては，吹雪などのよほどの悪天候でない限り1日のうち何時間かは畜舎に隣接したパドックで日光浴をさせたり，飼料を食んだりできるように各酪農家の工夫が見られるため24時間中畜舎で過ごすことは少ない。畜舎は牛が屋外にいるときに毎日必ず清掃するため清潔に保たれているところが多い。

畜舎内での飼育方法は酪農家によってフリーバーンとストール飼育の両方のスタイルが存在している。フリーバーン実践者は，この放牧酪農を始めてから畜舎をストール飼育形態からフリーバーン形態に改造した。グループとしても畜舎のあり方について議論が始まっているという。

(3) 飼料の工夫

個々の酪農家によって与える飼料は若干異なっているものの自家牧草のホールクロップサイレージや北海道産のビートパルプ，そして国産の米ぬかを与える等の工夫をして飼料自給率を高め，なるべく地域内の資源を有効活用するように5戸全員が努力している。

(4) アニマルウェルフェア基準について

この牛乳は，道外消費者で組織されたよつ葉共同購入グループや団体によって買い支えられている。共同購入が始まった1970年代はまだ日本にはアニマルウェルフェアという言葉はなかったが，実践内容はアニマルウェルフェアの推進といっても過言ではない側面もある。長年の共同購入運動によって消費者と生産者が協力して築いてきた関係であるため，（一社）日本草地畜産種子協会の放牧

認証を受けてはいるが，独自の取り決めによって運営されている側面もある。特にアニマルウェルフェアの飼育技術に関しては帯広畜産大学とタイアップして定期的なアニマルウェルフェア飼養方法等の検査や指導を受け，さらに高い基準への引き上げに努力しているようである。

よつ葉「放牧生産者指定ノンホモ牛乳」

(1) よつ葉乳業と共同購入運動

ここではよつ葉乳業と共同購入運動について触れておこう。1967年に十勝管内の8つの農協が共同で設立した「北海道協同乳業株式会社」が「よつ葉乳業」の発端であり，「よつ葉」のブランド名が誕生したのは，1969年のことである。シンボル商品ともいえる「よつ葉3.4牛乳」は，当時一般的な牛乳販売方法であったビン詰め・個配のシステムではなく，紙パック詰め・店頭売りによる広域流通を導入することで，十勝地区ではもちろん，札幌でも販売され大反響を巻き起こした。1971年には東京のデパートで初めて試売が行われ，その牛乳を入手した消費者達がその品質の良さを評価して1972年から共同購入運動が開始された（註1）。その後，消費者との対話を重ねる中で，現在のステップ4放牧生産者指定の段階に至った訳である。

現在，共同購入向けの酪農生産者は忠類地区の5戸，JA鹿追8戸，JA士幌2戸，音更町1戸の計16戸である。16戸の酪農家はすべて非遺伝子組み換え飼料を牛に与えている。

(2) 放牧酪農生産者指定ノンホモ牛乳のパッケージ

この牛乳パッケージの前面には，乳牛を草地で放牧している大きな写真がある。側面には，北海道忠類地区とよつ葉十勝主管工場の位置を示す地図が5名の生産者の顔写真とともに印刷されている。酪農家紹介として「一般社団法人日本草地畜産種子協会の「放牧畜産実践牧場」として認証された北海道十勝の忠類地区5戸の絡農家が，自信を持って生乳を出荷しています。」との説明もなされている。もちろん（一社）日本草地畜産種子協会の放牧酪農牛乳の認証マークがあることはいうまでもない。もう一方の側面には，よつ

表3　よつ葉乳業の4ステップ

ステップ1	生産者を指定しました
ステップ2	より使いやすい容器に（ブリックパックからゲーブルトップ容器）
ステップ3	継続的な自給率の向上（Non-GMO）
ステップ4	放牧生産者指定

出典）よつ葉乳業ヒアリングによる

葉ステップ4の説明として「この牛乳は，消費者と生産者が対話や交流を通じてひとつひとつ作り上げていく牛乳です。ステップ4では放牧生産者の指定・乳牛の使用管理指針の運用と，継続的な国産飼料自給率の向上に取り組んでいます。」とあり，その説明のすぐそばにはアニマルウェルフェアの実践と研究で協力をしている帯広畜産大学の学生が考案した牛とヒトの共生をイメージした可愛らしいイラストマークも入っている。さらにはノンホモ牛乳の説明や飲み方，非遺伝子組み換え飼料を給与していることなども書かれている。また，季節によって風味が変わることなども明記されており，イギリスの有機牛乳のような消費者がこの牛乳を手に取ったときに生産方法や味の違いの理解を助ける表示を目指していることがわかる（写真1）。

(3) 共同購入グループの概要

現在よつ葉のホームページ上に記載されている共同購入グループは，表4のとおり全国で68あるが，そのうち関東が53％と最も多くなっており，次に関西26％，四国10％の順で続いている。各グループの規模は50名にも満たない小さなグループから数万人の組合員を擁する生協等まで大小さまざまであり，よつ葉牛乳共同購入グループの活動の広範性を感じさせる。このうち約40のグループ・団体が「放牧生産者指定ノンホモ牛乳」を購入している。販売数量は，全部で約900トン/年であり，本数に換算すると900,000本/lとなる。単純に計算すると5戸の酪農家の生産する生乳の約半量が「放牧生産者指定ノンホモ牛乳」として北海道以外の地域で購入されていることになる。この生産量と販売量のギャップは，製造工程のロスや共同購入の土日に配達がないところに起因する。

この放牧牛乳は取り扱い

写真1　ノンホモ牛乳のパッケージ
左：前面，中央：側面，右：もう一方の側面

が始まったのは2014年の春からであるが，大変人気が出ており，現在，消費者の需要に追いつかず供給不足気味という。消費者の末端購入価格は，生協やグループによって異なるが，260円～290円（税別）に分布している。市販の牛乳より2割～3割程度高い価格設定である。

共同購入グループでの放牧生産者指定ノンホモ牛乳の評価は概ね高く，生協等によっては牛乳そのものの供給量が需要に見合わず，生産量を増やして欲しいとの要望も出しており，消費者と生産者の交流会でも同様の意見が出るという。一方で，個別のグループによっては，少子高齢化の影響もあり，会の存続が困難であるとの課題も出されている。

表4　共同購入グループ

地　域	グループ・団体数	割合（％）
関　東	36	53
中　部	6	9
関　西	18	26
北　陸	1	1
四　国	7	10
合　計	68	100

資料：よつ葉HPより筆者作成

(4) Aグループの活動の事例

ここで共同購入グループの実際の様子を見てみよう。例えば，東京都（註2）に活動拠点をもつAグループは1972年に結成され，すでに40年の歴史がある。現在正会員数は400名を超えている。その正会員がそれぞれに1～10名の賛助会員を持っており，ポストとなって牛乳や他の取り扱い品目の配達を受け取っている。配達は週1回である。牛乳は，このノンホモ牛乳と以前からの取り扱い商品である共同購入向けのよつ葉牛乳も継続して取り扱っている。よつ葉の生クリームやチーズの取り扱いもあり牛乳・乳製品以外にも安全安心な米や卵，加工品などの取り扱いもある。

このAグループでは，放牧酪農生産者指定ノンホモ牛乳は275円で会員に販売しており，牛乳全体の6.4％の取り扱いである。取り扱い開始時に120℃2秒殺菌超高温殺菌の牛乳から放牧酪農生産者指定ノンホモ牛乳に切り替えた会員のうち，半数近くは「以前の味がいい」と戻したが，残り半数は熱心に購入を継続しているという。実は牛乳の成分分析をすると放牧酪農によるノンホモ牛乳は，乳牛が食んだ牧草のクロロフィル分解物が残る時もあるという。日本では一般的に市販されている超高温殺菌牛乳特有のとろりとした濃厚感とカラメル臭に馴染みがある場合が多く，青草の味が残るような放牧酪農ノンホモ牛乳の味に違和感を覚える消費者もいる。このように必ずしも共同購入グループ全員が放牧酪農ノンホモ牛乳を支持しているわけではないが，取り扱い開始以来，継続購入をして

写真2　11月末でも牛達は放牧場で過ごしている

写真3　ジャージーの飼育も行っているC農場の子牛の様子

いる消費者からは「あまりに美味しくて学校給食の牛乳が飲めない孫がいる」,「放牧酪農ノンホモ牛乳,とても飲みやすく本当に美味しい牛乳,皆でゴクゴク飲んでいる。」「生産者の方にいつもありがとうございますと声をかけてからいただいている」,「さっぱりして美味しいだけでなくコクがある」「季節ごとの味の変化が楽しみ」などの感想や意見が聞かれるという。

定期的に生産者やよつ葉乳業とも会合を持っており,実際の放牧現場の見学会なども行いながら生産者と交流も続けている。会の今後の主要な課題としては,全国のよつ葉共同購入グループの目標である生産現場の配合飼料の国産化が掲げられている。必ずしも全酪農家に放牧の実践を強いている訳ではない。「放牧には向かない経営形態の酪農家のみなさんには,自給飼料の給与率向上をお願いしていくことが大きな課題であり,会の内部においては会員の高齢化にともない,新規会員の獲得に力を入れていくこと」だとしている。

今後の課題

以上,放牧酪農生産者指定ノンホモ牛乳の現状について生産と流通消費のフードチェーンを通してみてきた。今後,このような放牧酪農を実践する生産者が増えていくためには,生産面と流通面の両方の課題が考えられる。

(1) 生産面から

　今回の生産者で確実に後継者がいる酪農家は5戸中2戸であった。どちらも最近になって後継者が確定している。またもともとあまり労力もないため省力化するため放牧を実践してきた生産者もいた。結果としてそれが幸いし，付加価値が付く放牧生乳生産となっている。こうした付加価値のつく放牧酪農は消費者との交流活動もあり，やりがいのある酪農経営と生産者には受け止められている。現在では消費サイドでは生産量の増大も望まれていることから，JA忠類地区として地域ぐるみで放牧酪農を持続させていく道を探ることが重要ではなかろうか。また忠類地区以外の他の地域への放牧酪農の普及も課題となるであろう。そのためには実践しやすい放牧技術の研究開発と普及が急務である。

(2) 流通面から

　評価の高い放牧酪農生産者指定ノンホモ牛乳の生産・販売量を拡大することや生乳のロスが出ない

写真4　牛が屋外で自由にブラシで体をかけるよう工夫されている農場

ヨーグルトのような新たな商品開発が必要となる。放牧やアニマルウェルウェアに関して消費者への普及教育活動も併せて行ない潜在的需要の掘り起こしも考えていかなければならない。今後のマーケティング活動が極めて重要である。

(註1) よつ葉乳業HPと共同購入担当者へのヒアリングによる。
(註2) この節に関してはAグループの協力を得た。この場を借りて感謝申し上げます。

〈付記〉なお，本稿では紙数の関係から（一社）日本草地畜産種子協会の放牧畜産基準認証制度については取り上げなかった。これについては拙著「放牧畜産基準認証制度を活用した牛乳・乳製品の開発と現状（1）〜（3）」を参照していただきたい。

6章　有難豚(ありがとん)の挑戦
―津波被災再建からウェルフェア フード開発へ

高橋希望

2011年3月11日　東日本大震災による被害

(1) 被災前の実家養豚場

　私の実家農場が，あの巨大津波の被害を受けた東日本大震災から，早5年が経ちます。当時，仙台空港近くの沿岸部にあった名取市の農場「有限会社名取ファーム（200頭一貫経営）」では，両親と兄とスタッフ1名が働いていました。被災前の豚の出荷先は主に宮城生協で，その他の数頭を毎月自分たちと関わりのある農家・個人・飲食店へ，母と手分けして小規模販売をしていました。今振り返ると，この直売のシステムが，私たちのその後の運命を大きく左右しました。

　あの日，震災前夜に東京の友人から「週末に仲間の店で，豚しゃぶしゃぶが食べたい」と注文が入り，その発送代行を母へ依頼しました。翌日，母が手配のために農場を出て数時間後，午後2時46分，マグニチュード9.0の東北地方太平洋沖地震（東日本大震災）が発生し，巨大津波が5つの畜舎と設備，事務所・宿舎，2,000頭の豚たちを飲み込みました。幸いにして人命は取り留めましたが，私の両親は一瞬で30年かけて築いてきた生活と仕事を失いました。

　津波の威力は凄まじく，現場にいた父は，紙一重で7mのコンポストに駆け上がり，寒さに震えながら一夜を明かしました。父は，その時の様子を「数秒で全てがなくなった。考える間もなかった」と話します。辺り一面が海の水に浸かり，周囲はおびただしい瓦礫の山。水，餌，電気，施設，車，外部との連絡手段は断たれ道路すらなくなり，万が一豚が生きていたとしても，人が家畜を助けられる状態ではありませんでした。

(2) 帰ってきた豚たちの「生きる力」

　大震災から2週間後の3月25日，母から「津波で倒壊した餌タンクの中で母豚5頭を発見した」という短い連絡が入りました。まさかと耳を疑い，添付されたメール写真を見ると，確かに豚たちの姿が写っていました。驚き嬉しくて，その瞬間に張りつめていた気持ちが一気に緩みました。人の姿を見つけて，嬉しそうに駆け寄ってくる豚もいたようです。急いで心配してくれた友人らにそのこと

写真1　帰ってきた豚

を告げると，皆が次々と笑顔になり豚たちを助けようと前向きな力が湧きました。

　あの日，家畜たちには本来の力強い動物としての姿と，「生きようとする意志」がはっきりとあることに気付きました。恐ろしい津波に巻き込まれ，全身ずぶ濡れになり，傷を負いながら寒空に放り出された豚たちはどんなに不安だったでしょう。奇跡的に津波を生き抜いた豚たちは，優れた嗅覚で餌を見つけ，地盤沈下した土地から偶然湧いた水を教えあい，身を寄せあって生きていました。

　その後，地域住民の方々から豚を保護した情報が次々と寄せられました。瓦礫が散乱している中「生きているものは，生かしてやらなきゃと思って」と，貴重な水と飼い猫の餌を与え10日間も世話をして下さった方からは，豚がすっかり安心した姿で猫と寝ている写真を見せて頂きました。当時，大勢の被災者がライフラインを断たれ食糧不足の中で避難生活を送っており，多くの家畜は生きていても通報されるか，殺処分を余儀なくされていたのが現実です。そのような状況下で，津波を生き延びた豚たちが偶然出会った東北気質の優しい人々に可愛がられ，助けて頂いたことは奇跡のようなことでした。

　それからは電話・メール・SNS等を用いて，地元食品企業や他県農家から国産代替飼料（麺屑，林檎絞り屑，パン屑，米糠等）を，人への支援物資と一緒に分けて頂きました。自分たちで早い段階から身近な代替飼料を探すことができたのは，外部の関係者から「津波で，輸入飼料を搬入する港がストップしている」との情報を得られたからでした。また地域資源を工夫しながら取り入れていた途上国（タイ）の養豚事業「希望の家」との交流経験は，自分たちで最後まで豚を

生かすことを諦めない力になりました。
(3) 再建初期の被災豚支援ネットワーク形成

　再建初期，飼料確保の目的で築いた「養豚支援ネットワーク（2011年3月開始：現ホープフルピッグ）」と，農家仲間のNPO団体が民間企業と立ち上げた「サポーター制度（2011年5月開始）」によって，全国・海外から計1,500名程の支援者が集まりました。不安な中でしたが関係者に背中を押される形で，生き残った豚たちは，宮城県栗原市の組合農場へ預け入れることができました。

写真2　生き残った母豚とリラックス遊具で遊ぶ

　結果的に，サポーター制度の目標到達度はおよそ5分の1で，報道ピークが過ぎた後は急速に減少し，農場が再建に至るまでにはなりませんでした。ですが，支援者の存在は大きく，震災後，「誰のために，豚を育てるのか」を強く意識してきました。北海道から沖縄まで47都道府県にわたる遠隔地から日々励まされて，どうすれば被災地から明るい報告を届けられるのかを，いつも考えていました。制度は，農場が復興した際に加入者リストを管理する運営企業から豚肉を発送する仕組みでしたが，私たちの気持ちとしては，復興が完成しない段階でも皆で育てた豚を少しでも届けたく，震災翌年から豚肉の配達を再開してもらいました。その後，当初の目標通り希望者へ3年かけて計2回の配送を行い，本制度は終了しました。

ウェルフェア フードの開発

　EU リスボン条約でも宣言されたように，家畜は感受性を持った生命存在です。しかし私たちは今，家畜本来の自然な行動要求と姿をどれだけ知っているでしょうか。現代の消費者の多くは，家畜が食べ物になる前に動物だったという情報が，明らかに抜け落ちているように感じます。

　また，現代の私たちの生活はどうでしょうか。私は畜産をライフワークに，約 10 年マイノリティ層（障がい者・外国人）の，社会参加支援をしてきました。様々な課題を抱える 2,000 人以上の個人と関わりを持ち，障がいの有無や国籍に関わらず，苦境を乗り越えて自己実現し，他者とバランスよく関わりながら充実した生活を送る方々が多くいることを知りました。その一方で，今や現代病と言われるほど，統合失調症やうつ病などの精神障がいのある方が急増しています。社会生活の中で心の充足とは何かという悩みも多く，一見問題のない健全で豊かとされる人々の生活の質が低下し，社会の中で人々が生活していく上で何かが欠如していると感じることがありました。

　私は東日本大震災の経験を通して，まずは畜産動物の「生き物としての幸福」を，誕生から出荷まで少頭数で保証できるシステムを作ろうと考えていますが，同時に，生き生きと育てられていく豚たちに関わる人々自身の心と身体が癒されていく様子を目の当たりにしました。そこで，人も家畜も満たされた日々の暮らしを得られるような，ウェルフェア フード（Welfare food）の開発を目指し，以下の開発プロジェクトを進めています。

(1) 開発プロジェクト①：肥育委託制度のスタート

　大都市の生活者が抱える食の不安や生活背景を知り，また，豚たちの様子を知りたいという要望が支援者たちから継続してあったことで，観察体験や見守りを重視した参加型の有畜農業をイメージするようになりました。特に力を入れたのは，豚 1 頭を育てるところから見守るオーダーメイド飼育の取組みです。豚の出荷までの成長はおよそ 7 ヶ月と早く，その後の精肉カット，ハム加工，食べ方，保存までも見守ること（トレーサビリティの確立）になります。1 頭精肉は 50kg 程ですが，生産から食卓の先までの全工程が明確になるシステムです。

【東京都世田谷区への肥育委託】―東京都で最も人口が多い区へ

　2013 年 11 月から，数十頭の子豚を世田谷の造園農業者へ委託し，「世田谷放牧有難豚（Celeb 有難豚）」の販売を行っています。春には梅や桜が見事に咲き，四

写真 3　世田谷区での放牧養豚―吉実園（造園業）

　季折々の庭木が育つ 6,000 坪の園地の一角で，庭師の吉岡幸彦さんは，健康に生きる家畜の価値を重視した都市農業に取組まれています。近隣住民の生活環境に配慮し，剪定枝のチップをたっぷりと定期的に入れ替えることで，放牧場の清潔が保たれ，豚たちは木々と青空の下を走り回り，時折ブラッシングをかけられています。餌は非遺伝子組み換えの飼料を用い，リラックス効果のあるオーガニックバニラ，パン屋のクロワッサン，八百屋から新鮮野菜なども差し入れられています。吉岡さんは家畜堆肥を活用し，「造園業は土壌が大事。ここは東京で一番肥えた土を作っている」と話します。また，雑草除去のために飼われている 3 品種約 700 羽の平飼い鶏たちの「有精卵直売」も反響を呼んでいます。ここで動物らしく育つ家畜たちに出会った方々は，口を揃えて「食に対する価値観が変わる」と言います。

　毎月 5 頭くらいの出荷ペースですが，2 年間で都内飲食店を中心に，豚肉取引店はおよそ 20 件となりました。肉質はきめ細かく豚肉本来の甘みがあり，検査では一般豚より高いオレイン酸数値が測定されています。

【宮城県石巻市への肥育委託】―3.11 津波による最大被害地へ

　2015 年 7 月から，津波被災地の石巻市雄勝町にて，国内・海外の子どもたちが農業体験をする宿泊施設に，数頭の子豚たちを委託しています。こちらは完全オーナー制で，スタッフの方々が自然環境に溶け込む地域循環式で少頭数での養豚プロジェクトの実現を目標に飼育しています。

出荷は3，4ヶ月間毎に1回ペースで年20頭程の計画です。通常この規模での収益的な畜産経営は成り立ちませんが，育てる過程を重視したアニマルウェルフェアを学ぶ教育豚として販売まで行うことで，少頭数での持続可能なシステム構築に尽力している段階です。実際に生産者が，豚の生体導入から飼料供給，出荷，精肉加工・数種類のハム加工・梱包発送手配まで行う場合，7～8社と契約を交わす必要がありますが，こちらも初期段階ではまとめてサポートを行っています。

　このような各地域への肥育委託制度から，①関わる人々も癒しを得られる健康的な家畜の飼養方法，②食卓までの全工程が明確となるトレーサビリティ，を両立させるAW畜産システムを確立させたいと考えています。

(2) 開発プロジェクト②：お祝いの豚文化としてのウェルフェア食品チェーン
【原宿東郷記念館（結婚式場），英国地ビール専門店，都内レストラン，一般消費者】

　一流のサービス・飲食業界の方々から，人と人が大切な食卓を囲む幸せの価値を教えて頂きました。本来，豚はお祝いの文化に欠かせない動物です。特別な日に大切な方々と一つのいのちを分け合う縁起物としての役割が世界各国にあります。また，料理人から直接「豚がのびのびと育つことで，肉質が上がっていく」という喜びの声を頂くことは，生産現場の励みになっています。季節や時期により，豚に胡桃や果実の皮や特別なビール等を与え，通常畜舎で音楽をかけるなど，さらなるウェルフェア食品のブランド化（後章で後述するAWFCによるコミュニティブランド：CB）をすすめています。

写真3　原宿 東郷記念館 引き出物の竹籠ギフト

(3) 開発プロジェクト③：ぶた育成アプリ「ようとん場」

2013年，2014年に，人気の育成アプリと連動した豚肉配達を行いました。豚を大切に育てて出荷するまでのシュミレーションゲームです。実在する唯一のブランド豚として「有難豚（Hopeful Pig）」が登場し，2015年現在，世界118カ国500万人の手の平で育てられています。可愛い豚たちを育てる楽しさは世界共通です。アニマルウェルフェア畜産の啓蒙活動の一環として，身近な携帯アプリを通じ，家畜を動物らしく育てる過程に多くの人々の関心と理解が得られていくことを願っています。

写真4　アプリ ようとん場（株式会社 JOE）

アニマルウェルフェア畜産の新たな道

2015年10月16日世界食糧デーに，日本国内のAW畜産の実業者たちと共に，「アニマルウェルフェア・フードコミュニティ・ジャパン（AWFC.JAPAN）」という組織を立ち上げました。現在，私たちは生産者の自主的なAW畜産ガイドラインを作成し，3つ星入りのロゴの商標登録を済ませています。さらに，新しい食の概念を表す「ウェルフェアフード（WF）」というコンセプトを創り，ここに「家畜もヒトも，互いに満たされて生きる」という意味を込めました。

ホープフルピッグとしての取組みは，2013年に断尾・耳刻の廃止，2014年にブラッシングやリラックス遊具（ボールや遊び縄）使用・1頭毎の豚肉部位トレーサビリティ確立・嗅覚や食感を満たす副菜の提供，2015年に雄子豚の非去勢への挑戦を開始しました。2016年には「家畜商免許」を取得し自社農場を持たなくても他畜種を扱えるようになり，母豚のストールを廃止し群飼を行います。

2017年には繁殖一貫経営を行い，2018年には手がける全ての豚が，飼育段階からAW食品として追跡可能な販路が決まっている状態を目指します。

　現在，残っている繁殖母豚はわずかですが（被災母豚2頭，娘豚6頭），世界のAW原則である「5つの自由原則」を保証するAW畜産は，小規模経営でも十分対応可能です。大事なのは，家畜本来の行動要求で飼育者が知っていることを，現場で実践するかどうかです。また，共に喜び，同じ目標を持って知恵を出し合える"ポークコミュニティチェーン"があることです。

　私たちは普段，自分が食べている食材の背景や，その扱いを知る機会が少ないと思います。日本には，世界で唯一「いただきます」の食文化がありますが，昔から様々な獣魂碑を自然石で作り，生活の中で家畜への感謝と祈りを捧げる風習があったのも日本人です。家畜は単なる食材ではなく，人々のいのちを支えてくれる生命存在であり，本来，食糧の生産は人間同士が分かち合う最も大きな喜びです。

　また，被災地は復興に向けて姿を変えていきますが，数年が経過している現在も前に進みたくても進むことができない人たちが大勢います。そのような中で，健康的な野菜や家畜から生まれる「食といのちの循環」の相互交流は，私自身もそうであったように，きっと人々に大きな力を与えてくれると思います。今後，このような持続可能な畜産システムが成り立っていくことで，"人と家畜のいのち"が共生循環する畜産業が地域に残り，家畜たちをより動物らしく，安心できる人々の手で育てる場があり続けることを心から願います。

第 7 章　東京におけるアニマルウェルフェア体験牧場農園の開設プラン
―牛と人のしあわせな牧場・街の中のおいしい楽しい牧場

磯沼正徳

1952 年父洋三が東京都の貸付牛を導入することから酪農経営がスタートしました。
　子どもの頃から父の仕事を手伝いながら酪農人生を選び，東京農業大学短大農業科では，全国各地からの仲間に刺激を受け畜産の本質を知ることとなり，昭和 47 年 20 歳で就農しました。

アニマルウェルフェア畜産の原点

　学生時代から友人と「一生の仕事として酪農をしてゆく意味」を考え続けてきました。1978 年 26 歳の時八王子市社会教育の海外青年派遣事業オーストラリアのホームステイツアー 3 週間の研修に応募。興味は牧畜の国の文化。幸いビクトリア州のアレクサンドラという町のウイークスさんの酪農場で 3 日間お世話になり家庭の窓からオーストラリアの牧場を感じる事が出来たのです。3 人の子供たちを農場で元気に育て牧場生活を楽しむ姿に感動しました。さらにシドニーでのローヤルイースターショーで乳牛共進会を見学。酪農協会のテントでパンフレットをもらいフレンドリーな牛飼いの人々に親切に対応してもらいながら，牧畜文化を楽しむ生き方を肌で感じました。オーストラリアで感じた乳牛の飼い方は自然流。牛を歩かせる飼い方は家畜福祉アニマルウェルフェアの原点でもありました。
　1988 年，フランス・ドイツにミルクを勉強するツアー（乳業ジャーナル社主催）に参加。成熟した食文化の先進国での農場・チーズ工場・マーケット・見本市を見学，日本のミルク文化の将来の姿に重ね合わせました。

都市酪農の問題解決の取り組み

　1989 年（平成一年）牛舎はフリーストール・フリーバーン・ミルキングパーラが稼働し，翌年には 40 頭搾乳牛飼育体制となり，出荷量が 1 日 1,000kg を超えてきました。しかし，同時期，牛がフリーストールに挟まり死亡したり，けがをする事故も相次いだ。その問題を解決するために，フリーストールを取り払いフリーバーン方式に改造した結果，牛もキレイになりトラブルも少なくなった。

写真1　放牧風景

　フリーストールとミルキングパーラーの導入により省力管理が可能となり規模拡大が出来た。1990年さらに個体管理と省力化のためにトランスポンダ読み取り式の自動給餌機を導入。今でも少量多回給餌が自動化でき健康管理に威力を発揮しています。しかしながら，増頭飼育によって，糞尿も増えてきて周囲から匂いの苦情がでてきたため，当然ながら対策を迫られた。牛舎のサイドを京王線の駅に向かう市道があるため牛舎の匂いは，ダイレクトに通行人に感じられます。小学生などからは牛舎に石を投げるといった嫌がらせを受けたこともありました。様々なサンプルを試したが，むしろ乾いた牛床で良い匂いのする牧場にすることが最良と考え，都市近郊にある食品工業の残渣・副産物で牧場で使えるものがないか多くの友人先生に相談して，コーヒー工場・チョコレート工場から乾いた香りのよい副産物があることがわかり直接工場と折衝し手に入れることができた。

　コーヒー工場チョコレート工場から引き取った（有料）副産物，コーヒー粉，シルバースキン，豆，カカオハスクを1日1000kg〜1500kgベッドに撒くことで牧場の臭いは「コーヒーの香る牧場」になりました。現在3工場との契約でほぼ全量を引き取ることとなり，結果的に堆肥の中に40％の割合でコーヒーココア殻が含まれる結果となりその成分は完熟たい肥の肥料成分を高めることになりました。発酵熱も60℃を超え成分・品質・匂いとも最高品質の完熟コーヒー堆肥が製品化出来ました。地元の野菜つくり農家，家庭菜園，学校農園，都内体験農園などで使いやすくよくできると好評です。

磯沼ファームの成牛（搾乳牛）頭数の推移

年次 品種	昭和53	58	63	平成5	13	27
ホルスタイン	25	24	21	30	34	24
ジャージー	0	1	4	5	17	20
ブラウンスイス	0	0	0	0	0	5
エアシャー(子牛)	0	0	0	0	0	2

家畜福祉飼育についての工夫とその成果

　フリーバーンで乾草の自由採食により24時間いつでも4種類の乾草が食べられることで，消化器系の疾病がほとんど無くなり健康度が上がった。

　東京都酪農協同組合の乳質改善共励会で最優秀賞を5回受賞しました。

写真2　育成舎の様子

　ホルスタインと違いジャージーは乳量も半分と経済的にはマイナスのため日本では希少種になっています。しかし濃厚な成分は加工用に優れた原料乳としてホルスタインの追従を許しません。

　同じ飼料で育てても品種差は歴然でそのデータは牛群検定組合に収束され過去30年ほどの蓄積があります。

　ジャージー牛の優良系統の導入により加工に適した良質の牛乳生産が可能になり加工品についてもホルスタイン乳との明らかな差別化が出来た。

　品種により粗飼料の利用性の違いに差があることがわかり，牛任せでコントロールできることもわかりました。コスト以上の成果がありました。

世界で一番小さなヨーグルト工房の立ち上げ

　1994年（平成6年）東京都市農業ブランド化推進事業が私の住む由井地区を対象に実施されることとなり，説明会があった。この事業で自分の夢がかなえられると思い，さっそく「ヨーグルト工房」を作りたいと事業の希望を出した。多くの人の助けをいただき製造許可の取得が出来た。「世界で一番小さなヨーグルト工房」と自負する66m^{2}の工房が完成しました。

　そして，かあさん牛の名前入りプレミアムヨーグルトはこうして誕生しました。

　人間に命がけで奉仕するかあさん牛のけなげな姿を一番そばで見る酪農家。

　ミルクは工業製品ではない，子を思う愛情が生み出す食べ物，それは命を奪うことなく得られる唯一のたべもの。かあさん牛のメッセージを伝えるには一頭のミルクで製品を作る製造マシンを探さなければなりませんでした！

　イタリア製のジェラートミックスを殺菌するパストマスターはMAX60リットルのミルクをオートマチックで殺菌できます。最少20リットルで運転できますので牛一頭分の一日のミルクでヨーグルトを仕込むことができます。

　どのようにして一頭分のミルクを取り出すのか？それはミルキングパーラーは一頭分のミルクをビンに受け計量目盛で搾乳量を確認し，レバー操作で生乳を取り出すことができます。

　かあさん牛の名前入りプレミアムジャージーヨーグルトを20年造り続けてきましたが，国内では牛一頭から造るヨーグルトはいまだにありませんし，海外にもまだ聞いたことがありません。牛と人のしあわせな牧場・街の中のおいしい楽しい牧場のいちばん作りたいヨーグルトはこのようにしてできました。

　牛乳は本来，子牛を産んだ母さん牛が健やかな子供の成長を願い生まれるもの，プライスレスな愛情の賜物と考えヨーグルト工房のブランド名を「かあさん牛のおくりもの」としました。

魅力的な牧場とおいしい製品の評判

　3年目からは品質に万全を期してきたかいがあり口コミなどで売り上げが伸びはじめた。池袋のデパートで開催された「全国とくさんちくさんフェア」に参加したところ，東京の牧場で美味しいヨーグルトが出来ていると評価され雑誌やテレビなどの取材が相次ぎ，電話注文や牧場に遠方からのお客様も増えてきました。たとえば，「どっちの料理ショー」「ちい散歩」「食卓の王様」「食彩の大国」

「食べ物一直線」「はなまるマーケット」「王様のブランチ」最近では「おしゃれイズム」「あいば学」「〇円食堂」「森クミ食堂」などです。それによって，宅配や卸売りも順調に伸びてゆき，ヨーグルト工房を始めて初めて黒字が出てきました。

市民交流と体験教室

(1) 磯沼ファームジャージークラブ

　オーストラリア帰国後，試行錯誤の末最終的に「牛の自主性の尊重・人のコントロールを最小限にしてゆく」方針に転換。また地域サークル活動の仲間で知り合った方と交流の中で障害を持つ子供たちを，地域の中で育てる活動をしている親のグループ，市民活動をしている若い仲間と交流。

　その考えを反映し「ジャージーを育てる会」はできました。ジャージー種をみんなで育てる！ミルクの量は少ないがそれ以上の価値がたくさんあるジャージー種を育てる楽しみを共有しましょう。牧畜文化を一緒に楽しむ会を作りました！これが私の酪農経営における消費者交流活動の始まりで1983年（昭和58年）のことでした。この中で牧畜の楽しみとして乳製品つくり，ハムつくり，ヤギを飼うことなどありましたが好評だったのがヨーグルトつくりでした。

　ヨーグルト工房の開設によりオーナー制度である「ジャージー牛を育てる会」は解散した。しかし，市民との交流活動を続けたいと考え，雇用の活用で労力的に余裕もできたので新たに「磯沼ファームジャージークラブ」を設立し年3～4回の交流イベントを開いています。事務局を共同購入会に委託し国際交流イベント・夏休みのイベントなどは今でもいています。今でもハムつくり勉強会，羊の毛刈りイベントは続いています。

(2) 毎週日曜日にちち搾り体験教室を開催

　予約が一組でもあれば開催しています。食育をテーマにミルクの話，牛の話，牧場の話，ちち搾り体験，ミルクの試飲，牧場案内ツアー。オプションでバターつくり・子牛の散歩もあります。10年以上続けています。

(3) 小学生上級生以上を対象の体験教室

　カウボウイカウガールスクールは子牛に名前を付け毎月1回の体験実習を一年間続けることで子牛の成長と実習による酪農家の作業体験で牧場の仕事と生活を学びます。現在5名ほどの会員がおり5年以上続いています。

(4) 牧場溶岩石窯食育体験教室

　平成17年にパン用小麦を畑で栽培し収穫された小麦を体験教室で生かすため1

か月かけて自分で作り上げました。20万円ほど費用が掛かりましたが今でも毎月2～3回ピザを焼いたり，焼き芋，たけのこ焼き，プリンなどで食育の体験をしています。
(5) モッアレラチーズつくり体験教室
　アウトドアでチーズつくりの体験をしております。牛を見ながら朝搾ったミルクをスタータ・レンネットで凝固させ約6時間でモッアレラチーズが出来上がります。出来たチーズをピザ生地に乗せ石窯で焼き上げる！朝搾りモッアレラチーズのマルゲリータは最高です。

写真3　体験教室にて

(6) ミルク鍋&牧場素材の牧場ランチつくり体験教室
　石窯の隣のガーデングリルを使い牛乳スープで牧場野菜，海の幸山の幸,」ミルクソーセージを使う牛乳鍋：50人前のパエリヤは牧場のお米5キロを使います。
(7) ジャージークラブ夏のイベント
　ジャージークラブ会員の共同購入会の会員を中心に毎年8月下旬の土曜日に，パエリヤ，牛乳鍋，石窯ピザ，流しソーメン，牛乳プール，などのフルメニューで子供たちの夏休みの牧場お楽しみ会。
(8) 八王子国際交流イベント
　「みんなちがってみんないい」に牧場広場を作り羊の毛刈りデモンストレーション，模擬店に参加。
(9) 手つくりハム勉強会
　仲間の養豚家からおいしい豚肉を仕入，ジャージー牛肉，鶏肉，チーズなどを材料に10名ほどの仲間と三日かけて安心素材・無添加

　の燻製つくりを毎年開催。30年以上続けてきました。

(10)（準備中）子牛セラピー牧場元気ワークショップ

親子で半日牧場でふれあい体験、ちち搾り体験、食育牧場ランチつくり体験を通じて五感で牛の生命力を感じ元気とおいしさをもらうワークショップです。

(11) 牧場キャンプ

牧場オープングリーンを使った、牧場キャンプでは放牧場のすぐ横にテントを設営。バーベキューを子牛や羊がのぞきに来る楽しさ。朝隣の牛の声に起こされる牧場の朝を体験。

写真4　牧場キャンプの朝

体験と研修生の受け入れ

保育園の牧場遠足では牧場案内、ミルクやアイスクリームの試食
小学生では、社会科の地域探検、お仕事調査
中学生では、職場体験
高校生では、修学旅行のお仕事体験
大学生・専門学校では、牧場実習、卒論研究
社会人乳業メーカーでは、新人研修、キャリア
また、個人での勉強のための実習なども受け入れております。

駅ビル直営店の開店

販売拠点八王子駅ビルに直営店ができた2012年東京西駅ビル開発（JR系）か

ら八王子駅ビル出店の問い合わせがありました。東京の農場でも駅ビルに直営店を持つ農家はありません。しかし以前から問い合わせで八王子駅の周りでヨーグルトが買えるお店がほしい！と良く聞かれていました。家賃・出店経費などの費用も八王子で一番高いことは間違いないのですが出店要請がなければ自分の力だけではかなわないので駅ビル出店を決断しました。

3年目になりましたがリピーターも増え，贈り物需要が多いこともわかりました。生産から直営店での販売までの一貫生産ができるようになりました。

アニマルウェルフェア牧場体験農園の開設計画

体験教室にきたお客様がとても喜んでくれる。

ちち搾り体験や，牧場溶岩石窯でのピザつくり体験，モッアレラチーズつくり体験など都心に近く牧場の雰囲気が東京ではないみたいと褒められます。牧場が都会にあることでその役割が生産・加工・販売以外にもあることはイギリスやフランスではすでに酪農教育ファーム・シティーファームとして子供たちやファミリーの体験学習の場として貴重な施設として運営されています。

家畜福祉を実践している牧場として工夫を重ねてきた結果，種の多様性も含めてユニークな形態の牧場になってきました。

家畜福祉＋牛と人のしあわせな牧場＋水田・畑・小果樹＋加工＋体験牧場教室＋市民参加型オーナーシステムを総合することで新しい価値を創造するシティファームの構想ができました。

牛舎の屋根にソーラーシステム発電所を一般社団法人八王子協同エネルギーさんが作ります。東電に売電することになりますが牧場のヨーグルトはソーラー発電エネルギーを使い作ることになります。

東京都の事業に申請中ですが自動搾乳システム（搾乳ロボット）が導入されるとそのシステムは乳牛が進んで搾乳ロボットに入ってゆくので家畜福祉の考え方に沿っています。

見学コースで搾乳を見学することで乳牛の家畜福祉の実際を学べる環境つくり。また製造乳製品を試食販売することで，おいしい楽しい牧場見学ができます。バターつくりなども体験することで「牛と人のしあわせな牧場」を勉強してもらえるアニマルウェルフェア体験牧場農園の開設プランがすぐそこまで来ています。

第 8 章　ケージから放牧，有機養鶏への転換
―山梨県黒富士農場

向山一輝

黒富士農場の沿革と概要

(1) 黒富士農場の歴史

　黒富士農場は創業当初は，塩山市でぶどうや桃を生産する典型的な山梨県の果樹農家であったが，1950年頃から養鶏の導入を開始し，徐々にその羽数を4万羽程度にまで増やしていった。しかし混住化が進み，市内での養鶏継続が困難になってきたことで1983年に現在の同じく甲斐市山間部の上芦の地に移転した。

　その後2代目へ経営を引継ぎ，1984年に農業生産法人「黒富士農場」を設立した。黒富士の由来は，農場から山梨百名山の1つである黒富士を眺めることができるからである。新しい地でも，当初はひたすら規模拡大を目指して最盛期は12万羽養鶏を達成していたが，移転8年後の1992年には，自然放牧養鶏と近隣果樹農家との連携による資源循環型経営システムの採用へと大転換を始めた。

　2014年度には多くの功績が評価され日本農業賞『大賞』を受賞。同2014年に内閣総理大臣賞を受賞している。

(2) 自然放牧養鶏への転換

　転換の背景には3つの要因があった。第1の要因は地元の小学校の社会科の授業に養鶏場の見学が取り入れられ，先生に引率されて見学に来た小学生たちが狭いケージで身動きの取れない鶏の姿を見て「かわいそう」との言葉になんともいえぬ衝撃を受けたことである。第2の要因は山梨県と姉妹都市である中国の四川省のある都市での有機農場作りへ参加したことである。中国での有機農場作りを通して地域循環型の有機農業の重要性を認識した。第3の要因は有用微生物を活用したBM技術との出会いであった。こうした経験からこれまでの規模拡大を目指したケージ養鶏に疑問が湧き，コスト至上主義ではないオータナティヴな農業経営を構築しようと考え，農場の基本原則として「黒富士の三要」を掲げるようになった。自然のなかで自然と共生できる自然循環農場の実現を目指すようになったのである。

黒富士の三要
1. 私達は，自然の中に生きていることを自覚し，感謝のこころを持って暮らします。
1. 私達は，大自然の法則を学び，育て，農場独自の文化を構築します。
1. 私達は，自然と共生する農場づくりを通して，地域社会への発展に寄与します。

(3) 経営の概況

　現在では，ケージ養鶏は3万羽弱にまで減らし，それに変わって放牧養鶏を3万7千羽まで増加させた。放牧鶏のうち3,500羽は有機鶏である。経営耕地面積は，野菜畑50a，平飼放牧地300a，野草地50a，飼料畑200a，鶏舎450aの計約12haである。

　従業員は直売所を含めて，正社員15名，パート職員45名である。鶏卵生産量は年間約1,128t，年間売上高約5億2,000万円であり，山梨県内では大規模養鶏である。

(4) BM技術との出会い

　自然放牧養鶏へ転換できたのは，BM技術との出会いが大きかったと考えられる。このBMとは家畜排泄物を在来の有用微生物であるバクテリアと岩石のミネラル分で分解し，有効な生物活性水BMW（B：バクテリア，M：ミネラル，W：ウォーター）に変換する汚水浄化システムである。黒富士農場では羽数を増加させていったことで，家畜排泄物の処理問題にいつも頭を悩ませていたが，その解決策として，生物活性水BMW製造プラントを導入した。家畜排泄物を活性水に変えることで，液肥や消臭，飼料への添加，堆肥の製造等さまざまに有効利用できるような体制を確立することによって，自然循環型の放牧養鶏場へと転換できたのである。

(5) 販売先の変化

　法人設立当初の販売先は県内のスーパーが約90％と大半であり，そのほかに地元の学校，病院，直売，東京のデパートが10％の割合であった。しかし，80年代後半は，スーパー乱立によるスーパー間の競争が激しくなる時期と重なり，スーパーとの取引は特売価格に合わせた量の確保と低価格であることが何よりも優先事項となり，卵の品質は二の次にされた。このような取引は黒富士農場の経営理念と相容れず，価格一辺倒の取引に終始することにやりきれなさも感じていた。80年代後半はポストハーベストの問題が浮上してきた。その頃，生活クラブ生協山梨が，ケージ卵であってもポストハーベスト飼料を使用していないポストハーベストフリー（PHF）のそして無投薬のできるだけ安全な卵がほしいとの

申し入れがあり，その考え方に賛同して1990年からPHF卵を提供することになった。このような時に，大阪東部西部生協（現アルファーコープおおさか）が安全で鶏の行動様式にあった平飼卵を求めており，スーパー西友からも1年待つから平飼卵をと求められたことで，平飼放牧養鶏の導入を決意した。

そして県内のスーパーとの取引を中止したのである。現在は，生活クラブ生協（山梨），アルファコープおおさかなどの生協，自社直売所，JA全農たまご（スーパー，デパート向け），ラディッシュボーヤ，その他百貨店などが主な販売チャネルである。

表1　農業法人・黒富士農場の社史

年	事項
1950年	向山農場(塩山市)採卵養鶏設立
1984年	(農)黒富士農場(旧敷島町)設立
1990年	生活クラブ生協山梨と提携
	(株)山梨自然学研究所設立
1991年	フリーレンジ式(平飼自然放牧)第二農場建設
	山梨県平飼鶏卵認証取得
1995年	たまご村塩山店開店
1997年	大阪東部西武生協と提携
1998年	たまご村敷島店を開店
2001年	日本初オーガニック卵生産販売開始
2003年	たまご村甲府店開店
2003年	ケーキ工房ヴィラデュッフ甲府店開店
2006年	山梨大学循環工学科と共同研究開始
2007年	JAS法施行により有機JAS認証取得
2009年	ケーキ工房ヴィラデュッフ敷島店開店
2010年	有機農業連絡会議　事務局就任
2012年	やまなし自然塾若手会設立
2013年	野の学校　運営開始
2014年	日本農業賞大賞受賞
	内閣総理大臣賞受賞

採卵養鶏の飼養状況とブランド化

(1) 飼料と鶏の現状

安全な卵を目指すうえで飼料は非常に重要である。放牧養鶏，ケージ養鶏ともに飼料はすべてPHF，非遺伝子組み換え（NON-GM）飼料であり，有機卵の場合はPHF，NON-GMかつ有機栽培された有機飼料を与えている。これらの飼料はすべて指定配合飼料として飼料会社で委託生産されている。飼料には鶏の健康によいと考えられる発酵させた菌体飼料を添加している。飼料の購入先は，フィリピンが最も多く，アメリカ，そして補足的に中国からの輸入をしていたが，最近になって浮上したバイオエネルギーの問題でフィリピンからの輸入は中止し，ラオスからの輸入に変更した。

農場で導入している品種は，さくら卵がゴトウ，放牧卵とオーガニック卵がボリスブラウンとゴトウもみじである。

(2) 鶏舎の構造

1) 高床式開放鶏舎

ケージ養鶏のさくら卵は高床式開放鶏舎を使用している。開放式であるため鶏舎内には外気と日光が十分入る構造になっており，最近のウインドレス鶏舎とは異なっている。この高床式ケージは1棟当たり14.5m×85mのものが3棟である。鶏舎は2階建て構造で，2階部分が鶏の飼養スペースとなっており，ケージが3段に積み上げられた状態である。

最新式の鶏舎だとケージが14段も積み上げられているものなどもあることから，鶏舎内の密度はそれほど高くなく，ケージでも一般のものよりよい条件であるといえるだろう。1階は鶏糞の集積場となっている。ケージ養鶏そのものの規模を縮小しているため以前より鶏舎は減らしており3棟となった。この鶏舎の構造についてはケージ卵の主な取引先である生活クラブ生協山梨と十分に話し合いの上で，ケージを上に積み上げることなく現在に至っている。1棟につき1万5千羽の鶏を飼養することができる。鶏は生後70日から520日齢までオールイン－アウト方式で飼養しているため，520日以降は鶏を全部外に出したうえで，空の鶏舎を約1ヵ月間，殺菌消毒し，鶏糞は堆肥にするため堆肥処理施設に移送する。通常1棟は鶏を入れることなく空の状態にしてある。

2) 放牧場つき平飼鶏舎

自然放牧卵，オーガニック卵ともに鶏舎は十分な放牧スペースがある放牧場つき平飼い方式を使用している。自然放牧卵用には18棟あり，鶏舎の大きさに合わせて1棟当たり1,200羽から2,000羽飼養されている。オーガニック卵用は自然放牧鶏とは飼料が異なるため混合飼養することはない。放牧卵とオーガニック卵の相違点は飼料が有機か有機ではないかの違いだけなので，それ以外は殆ど同じ条件で飼養している。どちらも1羽当たりの面積は有機JAS基格をクリアーしている。放牧地にはクローバーを播種し，雑草とともに自由採食させている。濃厚飼料には海草，ニンニク，パプリカ，貝化石，などをブレンドした独自開発飼料を与えており，飲み水には自然湧水にBM技術で製造した活性水BMWを与えている。このような標高1,100mの恵まれた自然環境の中で太陽の光を浴びて十分な運動した健康な鶏たちから放牧卵やオーガニック卵は生み出されている。

第 8 章 ケージから放牧, 有機養鶏への転換　61

写真 1　日課の放牧風景

3) 卵の認証・ブランド化

放牧養鶏卵は 1991 年に開始したが, 同年山梨県農産物認証基準第 3 号「平飼鶏卵」の認証を受け「自然放牧卵」として販売している。その後, 有機養鶏への取り組み 1996 年には養鶏関係者が主力である日本オーガニック農産物協会 NOAPA の設立にも関わり, 海外の有機農場の視察も継続している。

2000 年には NOAPA でオーガニック卵としての認証を取得し,「リアルオーガニック卵」として販売を開始した。JAS 法が改定された後には「有機 JAS」の認証も取得している。

写真 2　百貨店などに並ぶ放牧卵, オーガニック卵

現在の主な販売先である生活クラブ生協山梨にはさくら卵，アルファコープおおさかにはさくら卵と放牧卵，そしてデパート・紀伊国屋，大丸ピーコック，京王ストア，小田急OX銀座松屋などのスーパーや百貨店には放牧卵とオーガニック卵を販売している。

経営の展開と発展

(1) 直売所

　山梨県内の塩山市，甲斐市，甲府市にある直売所「たまご村」では，「さくら卵」，「放牧卵」の卵3種類だけではなく農場の卵を使用したバームクーヘンやカステラなどお菓子に加工した食品の販売も行っており，地元の消費者から歓迎されている。

　従来であれば，破卵や軟卵そして二黄卵は液卵としてケーキ店などに安価で引き取られていたものが自ら加工することによって高付加価値販売が可能となった。また，規格外の小卵も「ちび玉」として販売可能となり無駄がなくなった。甲府店と敷島店には店内に菓子工房『villa d'oeuf』(ヴィラドゥッフ)があり，他の店舗では手に入らないプリンやシフォンケーキなども並んでいる。塩山店では放牧自然卵を使用した地元の菓子工房のクッキーや地元ペンションオーナーの手作り山菜びん詰めが販売され，甲斐市敷島店では白州・明野の無農薬で作られた野菜や清里ミルクプラントの低温殺菌牛乳とヨーグルトが販売されるなど地域食品の販売も行い地域の活性化にも貢献している。さらに山梨自然塾の仲間たちの野菜，果物，BM堆肥なども販売している。

写真3　2号店・たまご村敷島店

(2) 山梨自然学研究所

　BMの技術が開発できたことで自然と共生する「自然循環農場」の理念を確立することができたと考えている。この理念とは，「1. いままで破棄されていた良質の鶏糞や有機物質資材を再利用し，資源として生み出す」ことや，「2. 再利用された資源からBMW技術を用い，堆肥・活性水を生成し，活用していくことにより循環型社会の発展を目指す」また，「3. 生命活動に欠くことのできない食・農に視点をおき，共に考えていく人々とのネットワーク作りを行う」ことである。この理念をさらに追求するために，農場内に付属研究所である山梨自然学研究所を設立し，研究とおもに県内へのBM技術の普及に当たっている。

(3) 山梨自然塾の活動

　BMの技術が山梨で普及したことによって畜産部門以外にも仲間が増えだした。土と水にこだわり，より安全な農産物作りを目指す仲間たちと「山梨自然塾」を設立し勉強会などを開催している。

　自然塾の仲間は果樹，野菜，畜産の生産者が中心ではあるが，その他にも造園業，宮大工，販売業者，食品加工業者・先生など多様である。メンバーは山梨の豊かな自然を守り，豊かな人の営みを願っており，それには豊かな食文化と安全な食作りが基本となるのでは？と考え，そのために何ができるかともに学び考え活動しようと集まった人々のネットワークである。またグループの生産者によって生産された安全な農産物の販売の事務局は山梨自然学研究所内におき，マーケティングに一役買っているほか，県内の直売所でも販売している。

写真4　発酵飼料機の前で説明をする向山会長

自然塾の農業の原則は,「土壌を肥沃にする,循環できない資源は最小限にとどめる,環境に対する汚染やダメージを極力避ける,自然が持っているシステムに逆らうのではなく,自然のシステムと共に労働する,動物・植物の幸福を尊重する」である。

そして以上の原則に基づき,「自然塾コンポストセンターを設置し,有効な未利用資源をコンポスト化し循環システムに戻す。土壌に堆肥を供給し,肥沃で保水力のある健康な土壌を作る。微量要素を供給するため,BMW農法により,生物活性水を作り,薬草,海藻,岩石など自然のミネラルを活用する。

バランスのとれた多様な生態系を保持するため,草生栽培(不耕起草生栽培)を行う。」としている。

また,2007年には山梨県内の生産者のネットワーク「やまなし有機農業連絡会議」も立ち上げより有機農業のネットワークを拡大している。

参考文献
石岡宏司・大室健治「自然と共生する「自然循環農場」を目指して―農業生産法人黒富士農場向山茂徳氏―」『バイオビジネス4 地方ビジネスの創造者たち』家の光協会,2005.

第9章　理想郷を求めて建設した放牧養豚
―山梨県ぶぅふぅうぅ農場

中嶋千里

農場のある環境

　農場は山梨県の西部韮崎市にあり，盆地特有の朝晩の寒暖差は激しいが比較的温暖な気候に恵まれた標高450m南面の小高い丘の上にある。冬の最低気温約−6℃，夏の最高気温は約36℃，日照時間は隣の明野村が日本一であるように年間を通じて晴天に恵まれ，湿度は低く動物には過ごしやすい環境である。

歩　み

　1977年に都会生活をしていた若者が現在の場所に理想の郷を夢みて農場建設に着手。島根県畜産試験場で4年間実施された「放牧養豚の手引き」を参考に子豚を導入し，肥育経営から始める。近所から導入した一回目の子豚はストレスもなく丈夫で大成功を見たが，その後冬を前にした導入豚は技術のない素人には大打撃をもたらし，枝肉相場の低迷も追い打ちをかけ，二年を待たず借金だけ残してメンバーは離散した。放牧開始には遠方からの輸送で疲れ切った子豚ではな

写真1　放牧風景

く，同じ環境で育ったストレスのない子豚が求められることを実感し肥育一貫経営へと計画を早めた。1981年に精肉の加工場を設け，生産するすべての豚は自前の加工場で精肉にされ販売することにより経営の安定化をはかる。その後経営は順調に進み，収支バランスの均衡がとれた1985年負債分を一切買い取る形で分離独立，「ぶぅふぅぅぅ農園」として活動を始める。餌は子豚期の人工乳を除いて配合飼料から自家配合飼料へと切り替えたが，1986年のチェルノブイリ原発事故により汚染された脱脂粉乳が人工乳の中に混ざるようになり，人工乳の在り方を考えるようになる。「人工乳を使わずに育てたい」そんな思いは幾多の失敗，あきらめを経ながら2012年にマニュアル化するに至った。現在，人工乳を断つことによる抗生物質の無投薬，生後10日目から出荷までの完全放牧，エコフィード活用による国産飼料率80％を実施している。

農場の概要

使用面積
　　20,000m^2（借地）
飼養頭数
　　繁殖母豚（LW20頭），育成母豚（LW3頭），種付け雄豚（D1頭，DB1頭），

図1　農場見取り図

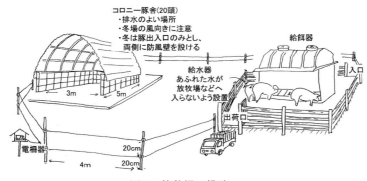

図2　放牧場の構造

肥育豚（180頭）
採卵鶏（400羽），育成鶏（200）羽
販売収入
年間出荷頭数240頭
採卵鶏，加工販売を含め2400万円
従業者　加工場も含め2人

飼養管理

(1) 繁殖母豚
　繁殖母豚は20頭前後である。妊娠中の母豚は一頭あたり66m^{2}の広さをもつ放牧場にて10頭一群で群飼いされており，給餌は母豚の体型を見ながら朝夕2回やる。お産予定日5日前に分娩舎に収容される。
　離乳後一週間以内に発情は来るが，母豚の体の状態や豚房の使用具合をみながら種付けを行う。なお早いものは37，8日を過ぎると哺乳中でも発情が訪れ完璧ではないが種付けも可能である。

(2) 繁殖雄豚
　放牧場を仕切っている電柵では簡単に破られてしまうため現在は小屋の中に入っており必要に応じて放牧場へ出している

(3) 分娩から離乳まで①
　母豚はお産予定日5日前になると分娩舎に収容される。分娩舎は1頭当たり4.6m^{2}の広さの中に幅70cm×230cmのストールが設けられており子豚用の保温

箱が横に置かれている。床はコンクリートの上におがくずを敷き，廊下との段差はなく母子ともに簡単に外へ出られるようになっている。母豚は一日 2 回の給餌後必ず外へ出し散歩と糞尿をさせる。個体差はあるがこれにより分娩枠の中をよごさず，乾いた状態を保っている。一方哺乳子豚は出産と同時に体重，性別等を記録し雄豚は去勢を行っている。切歯については過去の失敗があったため最近まで行っていたが，現在では行っていない。産子数が多いと乳首の争いから乳首を噛み母豚が授乳を嫌悪することがあるので，その時は緊急処置として切るようにしている。断尾は行っていない。鉄剤をはじめ予防のための注射はしていない。

　生後 10 日過ぎるとストールの隙間から自由に外へ出るようになる。農場の周りは荒地なので特に制限は設けていない。成長するにつれ行動範囲は広がり 30 日ごろになれば 100m ぐらい離れたところまで集団で闊歩する。事故がない限り子豚はすべて戻ってくる。

写真 2　哺乳中の親子放牧

(4) 分娩から離乳まで②

　通常は遅くても 28 日ごろまでに離乳は行われているようであるが，当農場では最低 45 日としている。チェルノブイリ原発事故当時，放射能汚染された脱脂粉乳が大量に子豚の人工乳に混ぜられていたが（当時，当農場で使っていた人工乳を測定したところ 300Bq ぐらいあった）それがきっかけで「なぜ人工乳を与えなければならないのか」「人工乳なしでの飼育は出来ないのか」疑問を持つよ

うになった。過去の文献等を探しながら最初は35日間哺乳の後B段階の飼料を使ったが，次のステップとして40日哺乳で穀物主体の自家配合飼料を与えてみた。これは大失敗を招き，毒素型の大腸菌症を発症し成長の良いしっかりした子豚が一晩でバタバタ死ぬ結果を招いてしまった。飼料を人工乳に戻すことにより解決したが，その後も「では，豚は人工乳でなければ育たないのか」「配合飼料がなかったころを考えればそんなことはないはずだ」などふつふつとする思いの中，忙しさに振り回されて40日哺乳後人工乳を少なくすることに傾注した。

さて，2000年代に入いるとインターネット普及とともにそれまで1.2件しか見られなかった"放牧豚"という文字が多く見られるようになり，また有機認証制度が導入されたことにより，お尻をつつかれる思いでもう一度人工乳を使わない飼育にチャレンジすることにした。ある時本を読みなおしていると子豚の糞の状態を書いた部分に目が釘付けになった。子豚の糞は初めグレーだがやがて黒いヤギの糞のように粒々になり，35日ごろを過ぎるとブドウの房のようにつながってくるようになる。この段階での離乳はまだ早く，以前失敗した40日離乳はこの時であり，これがあと5日ぐらいするとほぼ全頭がバナナ状の黒い糞に変わる。腸内細菌の変化であろうと思われるが，通常配合の穀物飼料の消化可能サインと捉え離乳を行っている。母乳での長期哺乳は母豚の繁殖サイクルの遅れと，人工乳に比べ哺乳豚の発育の遅れを見るが，私が目指す自然に近い形での養豚スタイルに合致するものである。一方「長い哺乳では母体が痩せすぎるのでは」とよく聞かれるが，妊娠中に適正体重であれば，母豚の放牧は内臓の発達と新陳代謝が活発なのか餌の喰いもよくほとんど心配はない。なお哺乳期間中母乳と併用している哺乳子豚の餌はおからを使った自家配合の発酵飼料である。

哺乳子豚は生誕時の分娩枠では狭くなってしまうので，30日を過ぎると放牧場付の小屋へ親子で移動する。ここは平飼いで広いスペースに母豚2頭ずつ収容し，親子が自由に移動できるようにしている。

(5) 育成期

45日で離乳した子豚は育成豚舎に移され約2か月間を過ごすことになる。育成舎には運動場が設けられており自由に出入りできる構造になっている。餌は自家配合の発酵飼料で，嗜好性，消化もよく添加剤を使うことはない。施設を作った当時は，「どうせ子豚だから」と付け足しのような運動場を設けたが，この時期は病気や寄生虫に侵されやすく広くゆったりしたスペースが必要とされることを実感している。

(6) 肥育期

3.5～4ヶ月40kgぐらいになると1,000m^{2}に22頭ぐらいの放牧場に移される。この放牧場は同じものがもう1面あり1年ごとに入れ替わる2圃式になっている。施設は電柵で囲われ，開け閉めすると蓋の振動で落ちる給餌器，給水器，簡単なコロニー豚舎から成り立っている。冬の気候は雪も少なく比較的温暖で日照時間が長いため防風壁以外特にこれといった対策はしていない。放牧開始3か月ぐらい全期間では210日，110kgで出荷するが，放牧場が詰まっていなければ120～130kgまで大きくしたいと思っている。餌は近隣から集めたエコフィードを80%使った自家配合飼料である。

(7) 餌について

肉豚で使用の餌は子豚用と肥育用の2種類である。パンくず，酒米（中白），チーズ，おからなどを近隣の食品工場から集めたものを80～90%使い自家配合飼料を作り与えている。パンくず，酒米等は炭水化物として，チーズはナチュラルチーズで添加物は使われておらず良質なタンパク質として使用し，通常使われる魚粉，大豆粕はほとんど使わない。残りの約15%はトウモロコシ，微量要素補給のためにビタミン，ミネラルを補給している。使っているトウモロコシはNON-GM，PHFである。子豚用はそれらにおからを混ぜて発酵飼料として与えている

(8) 薬品類について

離乳を45日以上にすることで人工乳を使わなくなり予防のための抗生物質を産後から出荷まで基本的に使っていない。全期間放牧により罹患率は圧倒的に少ないが子豚時の下痢や時々出る肺炎には緊急処置として使う。添加物はビタミン，ミネラル補給以外は使っていない。

親豚は導入しているためウイルス等の侵入は避けられず，自衛のための接種他PEDなど近隣畜舎へのウイルス伝播を防ぐためにワクチン接種は行っている。

写真3　育成舎からの運動場

写真4　加工場での作業の様子

寄生虫対策は放牧飼育ということもあり駆逐は困難である。分娩舎および育成舎は異動後消毒薬を使わずバナーで焼いているが基本的には駆虫剤に頼っている。

販　売

　出荷は週一度，5頭ぐらいをトラックに積込み食肉センター（屠畜場）へ運び，枝肉と内臓に分けられ加工場に戻ってくる。内臓はその日のうちに処理され製品に，枝肉は脱骨，整形後スライス等をしてパック詰めしたものを冷凍庫に保管する。販売先はオーガニックスパーが40％，消費者グループ50％，ネット販売と直接販売が10％になる。

　消費者グループのうち2軒は東京にあり，発足当時からからの付き合いで35年ぐらいになるが，このグループが農場をささえてくれた母体であり歴史でもある。

　分離独立後の「ぶぅふぅうぅ農園」設立当時は1980年後半に当たり，食べ物の安全性が問われるようになり"有機農業"という言葉が一般に浸透し始めた時でもあった。食肉の販売はブロック肉のみ。豚肉の各部位の販売バランスを保つため1セット2.5kgぐらいのミニセットを作り，それらをメインに注文を受けるようにした。今から見るとかなり多い量ではあるが，当時は消費者側もグループで受け取っており何人かで分け合っていたようだ。

　80年代は黙っていても販売は伸びた時代だったが90年代に入りバブル経済が崩壊した途端売り上げが20％落ちてしまった。バブル破たんにより各家庭の家計状況が一変し，今まで家にいた主婦が仕事に出るようになり，その結果簡便な

食品が求められるようになったのが一因のようだ。冷凍ブロック肉での販売は一気に落ちたが，それまで拒否していたスライス肉を始めることによってとりあえず売り上げは回復した。しかしより簡便さを求める声は今に続き，現在では使い切り出来る小さな単位のものが求められている。2000年代に入るとネットなどの普及により情報が氾濫し，消費者からみれば商品の選択肢が広がったことや有機食品を担ってきた年齢層の高齢化により売り上げは伸び悩むようになった。またネットの普及は外食産業からの問い合わせを増やし，売り上げに占める割合も増えるようになった。安心，安全をうたった商品は巧みな宣伝により増えたが，消費者からみればその内容の詳細はわかりづらく「有機食品」とか「アニマルウエルフェア食品」といった生産内容がわかるシールの普及が望まれる。

今後の展望

　農業にかかわった最初の動機は野菜でも果樹でも畜産でもよく，ただ自然が多い中で生活をしたかった。たまたまの話が養豚であったわけだが，「何でもいい」とは言ったものの，養豚だけは子供のころ鼻をつまんで豚舎の横を駆け抜けた思い出がありよいイメージはなかった。しかし他所の豚舎をのぞいた時子豚のかわいらしさに魅了され「臭くない養豚ならば…」と思い足を踏み入れることとなった。養豚について全くの素人だったため既存の技術に邪魔されることなく，人間も含め出来るだけ自然に近い形で過ごしたい，育てたいという想いがアニマルウエルフェアに合致する現在の農場になった。放牧に関して長所短所はあるが成長に合わせて飼養管理すれば病気は減り薬の使用量も減ることになる。食味も最近ではデータで出されているようだが，仕上がった豚肉は固くもやわらかすぎでもなく，豚特有の臭みもなく評判は上々である。最大の難点は平たん地では泥沼化し傾斜地では土砂の流失がみられることであるが，狭いとはいえ日本の多くを占めている森林を使って一頭あたりの使用面積を広くとれば問題はかなり解消されるのでないかと思う。過去，放牧の大規模農場の相談もあったが，飼養形態から考えると小規模な農場があちこちに出来るのが理想であろうと思う。

　手間暇かけた農産物はそれに見合う代価が必要であるが現在の社会情勢の中では安価なものが主流を占めており，「安かろう，よかろう」を謳う販売業者の宣伝に振り回されて本物を見分け難くなっているのが現状である。消費者側への情報の提供は大事ではあるが，商品を手に取ったときわかるロゴ，シール等が必要であり大手流通を少しでも良い方向へ動かす原動力になればと思っている。

第 10 章　元気な生産者が健康な動物と人を育てる
―山口県秋川牧園のネットワーク生産

秋川　正

秋川牧園の概要

(1) 1972 年の創業と秋川牧園のルーツ

　秋川牧園は，山口県山口市に本社を置く，鶏肉と鶏卵をメインとした食と農の会社である。現地での創業は 1972 年，私の父で現会長の秋川実が「1 羽の鶏，1 個の卵から健康で安全なものにしたい」との思いでスタートした。当時の時代背景としては，水俣病やカネミ油症事件など，公害や食における農薬残留などが社会問題となっており，ほんの一部の消費者と生産者が，安心安全な食づくりと消費の取り組みを始めた頃である。

　ただし，秋川牧園にはさらなるルーツがある。私の祖父である秋川房太郎が，昭和初期，単身で中国に渡り，苦労の末，トータルで 250ha にもなる総合農園である「秋川農園」を切り拓いた。私の父は，小学 6 年までその農園で育ったのだが，祖父の口ぐせは「口に入るものは間違ってはいけない。」というものだったという。さすがに当時は食の安全性という概念はなかったのだが，祖父は当時既に，人の健康やいのちに直結する食の重要性を強く認識して農業経営を実践していたのである。その意味で 1972 年の創業は，秋川の家としての原点回帰という面ももっている。

(2) 残留農薬問題への取り組み

　秋川牧園の現地でのスタートは健康な卵の生産であったが，当時の具体的なチャレンジ目標は，残留農薬の心配のない卵づくりであった。今でも残る問題ではあるが，1972 年当時は，DDT や BHC といった有機塩素系の農薬や PCB などが，卵，お肉，牛乳などから，けっこう高い値で検出されることがあり，ちょっとした社会問題になっていた。そこで，父は飼料原料の何が，卵に農薬が残留する原因なのかを，様々な残留分析を行うことで解明していった。その結果，例えば DDT について，卵で 0.001ppm 以下という極めて高い自主基準をクリアできるようになっていった。このように，初期の秋川牧園は，研究開発重視のベンチャー的な色彩をもった会社であったといえる。

（3）若鶏の無投薬飼育の挑戦

　その次に取り組んだのが，若鶏の無投薬飼育であった。近年では有効なワクチンが多く開発されたことや飼育日数が短くなったことから，一般にも無投薬飼育の鶏肉は見られるようになったが，当時は非常に難易度の高いテーマであった。しかし，様々な改善を積み重ねる中で，1990年頃にはおおむね技術として確立することができた。抗生物質や抗菌剤を使用せずに若鶏を飼育するのだから，病気が発生してはいけないこととなる。そのためには，若鶏自身の健康レベルをいかに高めるかが重要なテーマとなる。それは，鶏にとってストレスが少なく，飼育スペース，温度，空気など，いかに快適な環境を鶏のためにつくっていくかの改善を進めていくことになるので，いわゆるアニマルウエルフェアの実践そのものとなっていった。現在も秋川牧園では，若鶏を60日以上と一般の若鶏より10日程度長く飼育しているが，鶏の健康指標の一つである育成率（雛100羽中何羽を出荷できたのかの率）は業界よりも高い水準にある。投薬をしなくても，一般以上に鶏の健康を確保できているものと自負している。

写真1　若鶏の鶏舎の様子。自然の光の入る開放鶏舎である。

（4）秋川牧園の生産の全体像

さて，現在の秋川牧園の経営の全体像を示したのが，別図である。卵，若鶏から始まった生産品目は，その後，牛乳，豚肉，牛肉，そして野菜にまで広がっている。私どもの思いとして，卵や鶏肉だけが健康で安全なものになっても，食生活全体ではわずかなウエイトにしかならない。消費者と共に，食生活全体を健康・安全で豊かなものに変えていきたい。そんな思いがベースにあり，徐々に生産する品目の幅を広げてきた。

生産する食の安心・安全のレベルの向上にも継続的に取り組んできた。代表品目である鶏肉でいえば，現在は以下のような特徴を持っている。

・全期間の無投薬飼育。
・開放鶏舎を採用。坪35羽以内の薄飼いで，飼育期間は60日以上。
・与える飼料の原料は全て非遺伝子組み換え（non-GMO），油脂や肉骨粉を使用しない植物性，飼料米を20％以上配合

またこの間，加工の分野にも力を入れてきた。小規模な経営においては，外部に加工を依存していると，自分たちの理念に基づく食づくりを貫くことは難しくなる。秋川牧園でも創業当時の卵だけの時代は，パックにつめさえすればいいので自分で簡単にできたが，若鶏を飼育するようになると，その一次処理とパック

包装をどうするのかという問題が浮上した。当時，私の父が下した決断は，一次処理を自分でやるというものであった。今まで採卵農場であったものが，鶏の首をはねて処理をするということは，やはり簡単ではなかったはずだ。しかし，その決断により，秋川牧園の鶏肉事業は独自の路線を貫くことができたのである。近年は農業の六次産業化の取り組みが活発になってきたが，確かに農から見て加工の位置づけは重要だと思う。1985年頃からは鶏肉の冷凍加工食品も自社で製造するようになっている。今では，から揚げやチキンナゲットなど80品目程度を製造しており，当社の主要な事業の一つに育っている。

(5) 販路は産直型の生協がメイン

次に，秋川牧園の食の販路である。1972年に創業して，最初に秋川牧園の卵を買ってくれたのは山口市内の消費者であった。その後，消費者と生産者が対等な関係で，食の生産と消費を進める「山口生活クラブ」という消費者グループを創設した。昭和40年代にできた日本有機農業研究会が掲げた「消費者と生産者の顔の見合える関係」の考え方には，当社も大きな影響を受けた。山口生活クラブは，2000年からは当社の宅配事業に引き継がれて今日に至っている。この山口生活クラブに少し遅れて，1974年には生活協同組合との出会いがあった。秋川牧園の発展期は，生活協同組合の共同購入事業の発展期と重なる。現在も秋川牧園の食の販路としては，生協の中でも安心安全のレベルが高い産直型の生活協同組合と，安心・安全な食の宅配の会社がメインとなっている。それらのお取引先とは，単なるビジネスというよりは，消費者も巻き込んだ運動性と相互の信頼関係の元，様々な課題を共に解決してきた歴史があり，価値創造という面からも大きな成果があったと考えている。

(6) 秋川牧園の生産はネットワーク方式

本来，自然相手，生き物相手である農業や畜産の生産現場においては，大規模な企業経営ではなく，家族経営にこそ一番競争力があると思っている。しかし，個人がバラバラでは国際的な競争力は望めない。そこで，個人のよさを活かしつつも，いかにチームとして大きな価値を生むかを，農業経営における重要なテーマとして取り組んできた。直営生産100％からスタートした当社では，その後，若鶏などの実際の生産の現場については，提携する農家に分担していただく形を進めていった。その一方で，株式会社である秋川牧園が，飼料，加工，技術指導，品質管理，需給調整，販売などの個人では難しい機能を分担する形を進めてきた。そのことで，トータルで高い機能と生産性を確保するネットワークシステ

ムを実現するのである。品目によって違いはあるのだが，当社の代表品目である鶏肉でいえば，現在，約6割は提携する農家が生産しており，残り4割を当社の生産子会社が生産をしている。

(7) 全員経営

　現在の秋川牧園の会社としての規模は，売上高が約50億円，社員数が約350人（いずれも連結ベース）となっている。事業別にみると，精肉及び冷凍加工食品の鶏肉のウエイトが高く，次に直販の宅配事業，創業からの鶏卵事業が続く。経営の特徴としては，社員による経営参加を創業時から大切にしており，持ち株運動と全員集会の開催による経営情報の共有化を柱に「全員経営」を推進している。働く社員一人一人が，秋川牧園をよりよい会社にしていくことに，それぞれの立ち位置で参加していくのである。持ち株制度を長く育成していたことも背景にあって，1997年には農業の現場の会社としては，日本で初めて株式上場を果たした。現在の資本金は7億1415万円，社会的にオープンな会社となっている。

写真2　会員制宅配の配送トラック

秋川牧園のアニマルウエルフェア経営に対する考え方

(1) 消費者のためにつくる

　秋川牧園では，1972年の創業当初から，さらにはルーツである中国の秋川農園の時代から，一貫して健康で安全な食づくりを志してきた。その中で，いつも大切に思ってきたことは，自分たちがつくった食を食べてくれる消費者の存在だ。祖父の秋川房太郎は，戦前の中国の秋川農園の時代に「消費者のためにつく

る」という理念を父に語っていたという。一般的には，顧客とは自分たちの生産物を販売し，生活や経営の維持に必要な収入を得るための存在である。しかし，秋川牧園では，消費者や提携する生協などを単なるお取引先というよりは，共に理想的な暮らしをつくっていくパートナーである，という感覚を強くもっている。その中で，当社が生産しお届けする食は，「販売用の食」というよりは，食べる人の健康やいのちを育むための食だと考えている。わかりやすくいえば，自分の子どもに食べさせたいと思う卵をつくり，鶏肉をつくり，牛乳をつくり，それと同じものを外部に出荷していくのである。この生産者としての，重要な使命や責任の自覚は，当社の食づくりがなぜ健康で安全なものを目指すのかの根底にあるといえる。

写真3　加工の分野も自社で責任をもっている。

(2) **よい食に向けてトータルな努力の必要性**

　アニマルウエルフェアというと「飼い方」に重点が置かれるが，秋川牧園では，食べる人の健康やいのちを育むための食という観点から，もう少しトータルな視点で食づくりに取り組んできた。また，健康で安全な食をつくり，それを消費者

が食べる。そのことをずっと続けていかなければならないのだから，持続可能性ということも欠かせない。消費を持続してもらうためにも，クレームを起こさないような品質管理は重要だし，食の品質を落とすことなく実行できるコストダウンの努力だって頑張らなければならない。消費者のことを理解する努力，消費者に生産のことをしっかり知ってもらうための努力も重要であろう。それらのトータルな努力がないと，消費者から信頼される生産者にはなれないし，健康・安全な食べ物づくりは完成しないのだと考えている。そして，これらのトータルな取り組みは，一人の個人生産者では実行できるものではないから，先にも述べたように，株式会社である秋川牧園がネットワークのセンターとして，様々な機能を分担する形をとってきたのである。

(3) 元気な生産者の重要性

さて，動物にとって快適で，健康的な飼い方を実践するにあたっては，鶏舎の規格や飼育に関する細かい基準やマニュアルを設けることはもちろん重要である。その上で私が重要だと考えるのは，実際に飼育を行う人の力量と情熱である。動物の飼育において大切なことは，観察と対策の実行である。鶏がちょっと暑がっていると気づき，鶏舎のカーテンを10cm開けてやるようなことの積み重ねが大きな違いをもたらす。畜産の現場では，工場などでの仕事とは違って，一人で作業をすることが多い。そのため，たとえ上司がいたとしても，そのマネジメントは機能しづらい関係にある。そこでより重要になるのは，それが個人農家であれ，企業畜産であれ，生産現場で働く人のやる気の高さとなる。では，どうすればそのやる気を高めることができるのか？ 秋川牧園の好きな言葉は「元気な生産者」であるが，ではどうすれば生産者が元気になるのだろうか。もちろんその人の価値観など様々なことが必要であるが，あえて一つあげるとすれば，私は経済面だと思う。健康に飼うということは通常以上に注意力や手間を要するのだから，やはりその努力に見合った報酬が得られることが欠かせない。そのためには，無駄なコストを省くような努力も必要だが，最後は食べてくれる消費者にその価値を認めていただくしかないだろう。消費者にしても，いつも不幸な気持ちで愚痴ばっかりいっている生産者が育てた若鶏よりは，元気で希望をもっている生産者が育てた若鶏を食べたいと思うのではないだろうか。しかしながら，価格競争の激しい今の社会において，消費者に高くても買っていただける関係をつくることは容易ではない。だからこそ，生産現場だけでなく，加工，品質管理，コストダウン，販売，情報発信など，トータルでの努力が求められるのだと考えている。

今後の課題

(1) 健康への貢献力を高める

　秋川牧園では，創業以来，卵や鶏肉などの食の安全性を高める努力を継続してきた。今後はさらに，どのような食べ方が健康によいのかを考え，消費者の方に生活提案する力をつけていきたいと考えている。

　また，当社の生産する食について，今まで以上に，食べる人の健康に貢献する力を高めるための研究をしていきたい。

(2) 健康な飼い方を科学する

　秋川牧園では鶏や牛などを飼育する場合には，その動物自体の健康を大切にすることを基本としてきた。そこで，より健康な飼い方に向けて，今まで以上に科学的なアプローチを進めることができないものかと考えている。また，例えば若鶏の業界では大腸菌症という病気が発生することが多く，経済的にも大きな損失を与えている。こういった病気のリスクに対して，技術開発を進めて克服していくことも，鶏の健康レベルを引き上げることにつながるといえよう。

(3) 飼料の自給の努力と地域循環の仕組みづくり

　秋川牧園は，遺伝子組み換えは食の安全性と生物多様性の2つの面から問題があると考えている。そこで，飼料原料としてはコストアップになるのだが，あえて遺伝子組み換えをしていないnon-GMOのトウモロコシ，大豆，菜種粕などを飼料原料に指定している。

　飼料原料の一部を飼料用米に置き換えることで，既に年間2,500t以上の飼料用米を利用している。特に地元山口では，独自に飼料米生産者の会をつくり，専用品種での多収穫ローコストの実現を目指している。稲作農家には秋川牧園の発酵鶏糞を無償で提供し，土づくりとコストダウンに活かしていただき，収穫した飼料用米を鶏にモミの状態で与えている。それ以外にも酪農部門では，粗飼料の自家栽培面積が拡大中である。当社では「地域循環型・農ある豊かな暮らしづくり」のビジョンを掲げているが，地域の皆さんとのネットワークを充実させる中で，この取り組みを持続可能でさらに競争力をもつものに高めていきたいと考えている。

第11章　小さな離島での放牧養豚ライフスタイル
―山口県瀬戸内海・祝島の氏本農園

氏本長一

なぜ小さな離島で有畜農業なのか

　私は9年前から出生地である瀬戸内海の祝島という小さな離島で、零細ではあるが豚と牛の無畜舎完全放牧を軸とした有畜複合有機農業を行っている。

　祝島は瀬戸内海の西部に位置する周囲12kmの小さな離島だ。半農半漁が生業で人口は400人足らず、高齢化率（65歳以上の島民割合）は80％に達する。

　島は岩石性の急斜面が多い地形で、平地が少なく農業では石積みの段々畑に枇杷（びわ）を島ぐるみで無農薬・露地栽培し、私を含めて枇杷生産者は全員が県エコファーマーの認証を得ている。

　周防灘に面し、小型漁船による沿岸漁業は鯛や鰤などの天然魚の一本釣りが主だ。

写真1　祝島空撮

写真2　枇杷の収穫作業

　昭和30年代まで離島ゆえの豊かな自然生態系を活かし、人間もその一部としての自覚を持ち、自然生態系の生産力に応じた農水産業を展開していた。

　農業では農耕使役牛の糞尿を有機堆肥にして地力を支え、その田畑の副産物が使役牛の飼料となり、さらには副産物の子牛が経営を補って、島内資源を循環させた有機的農法によっていた。

小規模であっても資源循環性と持続性が特徴の農水産業が離島住民の自活力を強めることで離島社会自体の持続力を支えてきたことは，祝島が1,200年前から現在に至るまで神舞(かんまい)という神樂を存続させていることが何よりの証拠だと思う。その神事が祀るのが地荒神であることも，離島住民にとって自然そのものが畏敬の対象であることをあらわしている。

　しかし昭和30年代後半からの国内の高度経済成長下で，農業近代化，選択的規模拡大化農政のもと農作業の機械化で農耕家畜が姿を消し，島外から搬入した化学肥料や農薬への依存を強め，離島農業の資源循環性と持続性～有機性～を失っていった。

　同時に機械・設備の普及による省力化で生じた余剰農民や漁民は工業労働力として都市に吸引され都市型食生活人口が急速に拡大し，都市での安価で大量の食糧需要が生じていった。結果として離島という条件不利地の農業が本土側の生産効率重視型農業との価格競争に勝てるはずもなく祝島の離島農業は衰退したのではないか，と私なりに総括した。

　だから祝島農業を再生するには，まず家畜を再導入し資源循環型で持続性の強い有機的農業を復活させ，本土の慣行農業と差別化する必要がある，と私は考えた。

　そのうえで，大量に耕作放棄されている農地の再生，管理を託せる家畜は何か？その家畜が生産する畜産物が消費者に評価される商品性を持たせられるか？離島の宿命である輸送面のハンディをカバーして再生産が可能な商品化を実現でき祝島という小離島の活性化，ブランド化に寄与できるだろうか？これらの問いに同時に回答を引き出せる可能性を一番持った家畜は「豚」ではないかというのが私の結論だった。

　私は豚の飼育経験は皆無だったが，そこの風土に必然性のある家畜は，その家畜の目線に立った家畜福祉の思想を取り入れた飼育方式であれば必ず定着するはずというのが私の北海道での畜産経験から得た農業・畜産観なのだ。

　帰郷前は北海道でも最北の宗谷・稚内地域で公共育成牧場や肉牛生産牧場の経営に携わっていた。なかでも，宗谷岬肉牛牧場時代は繁殖から肥育まで一貫生産で約3,000頭の肉牛を飼育していた。

　その体験を通じて日本国内で大規模な畜産経営を展開すれば大きな課題を抱え込むことを痛感した。例えば家畜飼料の自給度を高めようとすれば農地面積の確保と大型農業機械，その農業機械には燃料油脂が不可欠であり，さらに土地生産

性を高めようとすれば化学肥料なども必要になってくるが，農業機械の鋼材原料，燃料油脂原料，大半の化学肥料原料どれもが完全に輸入に依存している。かといって飼料自給を求めず飼料を外部購入すれば配合飼料原料の穀物はもとより乾牧草類に至るまでほとんどが輸入物だ。そして大規模畜産経営にとっては大量の家畜糞尿の処理が不可避であり，設備機械，その稼働燃料，なにより限られた土地面積に経年蓄積してゆく糞尿成分負荷対策という社会責任をどう果たすか，という大きな課題に直面する。

結局は日本の畜産はどのような経営形態であっても大規模になるほど海外に生産資材を依存せざるを得ない経営体質が強まるだけでなく，糞尿の環境負荷対策という大きな社会責任を背負うことになる。さらには飼料原料穀物の原産国の環境劣化（地下水問題，森林縮小問題など）を助長するなど倫理的課題も生じる。

限られた国土の島国で，経営用地を省力的畜舎で埋め尽くし，家畜飼料も完全に外部購入する日本型大規模畜産方式は一見集約的で効率的に映るが，それは経営内部の経済性を確保するため，経営外部に不経済性を押し付けているだけの無責任な農業経営の姿として私には映ってしまうのだ。

これは島国日本の農業としてまっとうな姿なのだろうか？という疑念が日増しに高まっていった。農業はその経営が立地する地域において，土地資源も含めた自然生態系の持続性，循環性に深く関与するという本来の立ち位置を生産者，消費者双方がほとんど関心を持たなくなったことへの危機感でもあった。

生産者の四つの社会責任

ここまで述べたことを私なりの農業規範にまとめると「生産者が負う四つの社会責任（Social Responsibility）」ということになる。
(1) 地域住民も含めた地域の自然生態系と調和した農業生産をする地域への責任
(2) 安全・安心な生産物を消費者に届ける責任
(3) 生産に関わる当事者の働き甲斐だけでなく，その家族や関係者にも誇りを持ってもらえるように取り組む責任
(4) 人間に尽してくれる動植物を慈しんで育てる倫理的責任，とりわけ有畜複合農業が重要となる離島農業では，飼育家畜に対する福祉（ファーム・アニマル・ウェルフェア）責任への理解と実践が不可欠となる

この四つの責任は優先順位などなく，常に四つを同時に成立させるためにはどうするか，という四方得的発想が重要だと思う。

祝島における放牧豚の概要

　それでは祝島における放牧豚の実際を紹介しよう。

　豚は元来「鼻耕」という他の家畜に優る能力を持っていて強健だ。耕作放棄地の地面を鼻で掘り返し縦横に伸びた山野草の地下茎を断ち切ってくれる。温暖な瀬戸内では畜舎は不要で，雑食性の豚にとっては山野草も含めて最低限の飼料原料は常に放牧で確保が可能である。

　また人間と同じ単胃動物の豚は人間の暮らしから派生する残飯類や販売に適さない傷んだ果実，芋蔓などの副産物，雑魚などを全て飼料として活用できるため，既存の配合飼料は一切給与せずに済む。　同時に離島社会にとっては生活生ゴミの大幅な節減につながり処理に要する燃料や手間など社会負担の抑制に寄与しているので，島民は放牧豚を好意的に受け入れてくれている。

　放牧豚の行動管理は小型ポータブル太陽光発電装置による電気牧柵で放牧を的確にコントロールできるので放牧場所の制約は少ない。（ただし飼料確保や糞尿の環境負荷への配慮の面から，放牧面積と頭数のバランスは不可欠だ。）

　水田跡の耕作放棄地には排水不良箇所があり，夏の暑さや吸血昆虫対策で泥浴びが欠かせない豚の放牧には適しており，まさに「豚田兵」の呼び名がぴったりくる。

　また島内の道路が狭溢なうえにフェリーも運航していない海上輸送の面で，子牛程度の体格で肥育豚という最終食材に仕上げて出荷が可能なことは重要な点だ。

写真3　親子豚の放牧　甘藷畑のクリーンアップ

例えば一般的な和牛の放牧では販売物は肥育素牛であり，肥育産地への素牛供給という下請け的な役割に甘んじなければならないが，肥育豚であれば小頭数でも「祝島」の看板を背負わせて消費者市場に出すことも可能で，地場産品をブランド化するのに適している。

祝島放牧豚の家畜福祉的特徴

我が農園では繁殖（子豚生産）から肥育まで現在母豚1頭肉豚20頭を完全無畜舎，常時通年放牧で一貫飼育している。

好天時には太陽光が，悪天時には雨風が体全体に降り注ぐ。寒いと感じれば雑草や雑木の小枝を食いちぎって集めて寝床を作るし，雑木林のなかに避難場所を作る。季節やその日の天候によって寛ぐ場所を変えるが，いつも新鮮な空気を存分に満喫できることには変わりない。

母豚は放牧地のなかに自分で選んだ場所に野草を集めて産床を作り自力でお産をし，そのまま放牧地で子育てをする。過去分娩直後の母豚による圧死以外は低体温も含めて子豚の死亡は1頭（古井戸に落ちて溺死）であり，呼吸器疾病や下痢など代謝疾病も全く発生しない。

また出荷する肉豚は，山野草，芋蔓，米ぬか，豆腐おからなど副産物と島民の残飯類だけで育っている。残飯類は米ぬかやおからと混合して発酵させてから給

写真4　自作の産床で自力分娩した直後の授乳光景

与する。配合飼料は全く給与されないため通常養豚に比べれば発育速度は遅い。出荷月齢は12ヶ月齢を超えるが，そのためもあって内臓廃棄はこれまで1頭も発生していない。放牧豚は体臭が全くなく，排泄糞は完全な固形で臭いも少ないことから，胃腸が正常に機能して過剰な栄養生理的ストレスにさらされていないことが判る。

残飯類に混じって食べられた野菜の種が排泄糞を土代わりにして耕作放棄地内で多数再発芽し，牧区移動で放牧豚が去った耕作放棄地はさまざまな野菜が混栽された畑に変貌する。

祝島放牧豚で体験した家畜福祉のポイント

祝島での9年間の放牧豚の体験を重ねた現時点で，私なりの家畜福祉のポイントを述べてみたい。

(1) 人間同様，健康さが福祉（幸せ，豊かさ）の重要な指標になり得る。家畜の健康に大きく影響する要素として，飼養管理者の家畜への接し方，飼育環境，飼料内容の3点があると思う。

(2) まず家畜への接し方については，豚をはじめとする家畜化された動物は喜怒哀楽の感情を持ち知能程度も高いので，日常のコミュニケーション（声掛け，スキンシップなど）を心がけることが重要だ。飼育者のコミュニケーション能力の範囲に飼育規模を留めること。そのことが家畜の健康さの重要な基盤になり，疾病は皆無といってよい健康水準を保てる重要な要素となる。

(3) 飼育環境に関しては，人間も含めて地球表層で暮らす動植物にとって太陽光と土と水と新鮮な空気の4要素が必要十分条件であって，畜舎などは付随的な要素でしかない。家畜であれば飼育者がその必要4要素を提供すれば，家畜は自分の判断で適切な場所に適切な巣を作る。寒暑，風雨など気象条件に応じて居場所を変える。家畜たちが自己意志で行動できる飼育環境というのが，家畜の健康さにとっておそらく最重要項目ではないだろうか。

(4) 飼料内容に関しては，人間の食生活で「地産地消」や「腹八分で医者要らず」が重要なように，家畜にも同じことが言えるだろう。家畜はあくまで経済動物であり，このような不経済な飼育方式は非現実的だという指摘も十分に覚悟している。飼料を地場原料にこだわれば飼料コストは高くなるし，給与量を抑えれば発育が遅くなり，いずれにせよ経営の収益性が悪化するからだ。

しかし家畜の飼料消化機能を限界まで追い込んで健康を脅かしながら経営効率を追及する手法こそ家畜福祉の対極的発想なのではないだろうか。
(5) 結局のところ(2)〜(4)は「手間」をかけるか，省くかという問題に帰結すると思う。手とは人手，間とは時間であり，手間をかけることが価値を上げるのか下げるのか，どちらの視点に立つかということではないだろうか。参考までに私が考える「手間」をめぐる価値観の差を表にしてみた。

キーワード	手間を価値として肯定的に評価	手間を費用として否定的に評価
地域分布	農水産業主体の地方地域	工業主体型の都市型地域
生活様式	作る生活（手間が不可欠）	買う生活（マネーが不可欠）
生産物の価値	プライスレス〜贈与	市場主導の価格形成〜売買
生産消費形態	適時生産，適量消費，少量廃棄	大量生産，大量消費，大量廃棄
地域住民の食生活	地産地消，スローフード	グローバル食材，ファストフード
生活エネルギー	太陽光由来の地表資源（太陽熱，薪，風，水など）	地下資源由来（化石燃料，ウランなど核物質）
生態系への負荷	小さい	大きい
社会生活の持続性	強い	弱い

　農業分野でも機械設備を充実させ生産工場化した大規模経営では，もはや手間をかけたくてもかけられない経営構造になってしまい，手間をかけた生産物を作れなくなっている。一方で小さな離島などの農業は地域の生態系に及ぼす負の影響から大規模志向すべきではない。（だから日本を地球規模で小さな離島とみなす私などは，日本自体が大規模農業には適していないとの立場なのだ）

(6) 手間をかけることで確かに生産物の直接生産コストは増加するので，それは経営内部の不経済性を増加させることである。しかし経営内部の経済性を確保するために外部社会へ押し付けていた不経済性を減少させるという視点に立つのが経営者倫理に沿うことだ。そのためには家畜福祉にのっとった生産物を買い支えてくれる消費者として十分なリテラシィを備えた顧客を確保するマーケティングが不可欠となるのだ。

　幸いなことに，国内では手間をかけた国産の農水産物を高品質だと評価してく

れる消費者層が確実に増加傾向にある。

　祝島放牧豚にとっても追い風であり，慣行飼育の国産豚のおおむね3倍（例：ロース正肉 3,000 円/kg）の価格で取引きされている。

　現在は内臓も含めて数量限定の希少なスローフード豚肉「祝島放牧豚」として東京西麻布のフランス料理店，内神田の和食店，京都のフランス料理店などと直接取り引きしているほか，ソーセージやハンバーグ，スモークベーコンなどにも加工し，島内にある氏本農園直営「こいわい食堂」や島内朝市で販売している。

小さな離島での有畜複合農業の優位性

　これまで述べてきたように，家畜福祉の視点を取り入れた畜産経営に大規模志向はなじまないと思う。しかし小規模であれば専業は経営的に厳しく再生産が困難となる。だから複合農業であり，むしろ複合化によって家畜の存在意義が高まる。

　また地域生態系との関係性がより濃くなるため，必然的に有機農業の性格を強めることになる。

　祝島放牧豚に関して言えば，と畜後に豚肉になるためだけではなく，存命中に豚肉価値に劣らない働きをしてくれる。島民の生活から発生する残飯などの生ゴミを家畜飼料という資源に変換したり，耕作放棄地を水田に復活させる下ごしらえしてくれる。復活した水田には十分に放牧豚の糞尿が投入されているので，無農薬・無肥料の高付加価値米が収穫できている。

　こうして存命中にも十分な働きをしてくれた放牧豚だから，その命を奪うことで私が生きながらえることへの感謝の念を決して忘れない。そのうえ日々私が食するものがさまざまな動植物の命であることを意識させてくれ，食事の際の「（命を）いただきます」を唱えるのも放牧豚の存在が大きい。放牧豚が地域住民に受け入れられることで，私も地域に受け入れられている。こうしてさまざまな生き物に支えられて自分が生きていると感じられることは，自然（地域生態系）に包まれて暮らせているという実感にたどり着く。その実感がこの小さな離島で暮らすうえでの大きな幸福感であり豊かさに他ならない。

　このように，小規模だからこそ可能な家畜福祉にのっとった有畜複合農業は，むしろ離島だからこそ取り組むに値する農業なのではないだろうか。

JCOPY ＜（社）出版者著作権管理機構　委託出版物＞		
2016	2016年5月26日　　第1版第1刷発行	

日本と世界の
アニマルウェルフェア畜産
上巻

著者との申
し合せによ
り検印省略

© 著作権所有

定価（本体1800円＋税）

著作者　松木洋一

発行者　株式会社　養賢堂
　　　　代表者　及川　清

印刷者　株式会社　真興社
責任者　福田真太郎

発 行 所　株式会社 養賢堂
〒113-0033 東京都文京区本郷5丁目30番15号
TEL 東京(03)3814-0911　振替00120-7-25700
FAX 東京(03)3812-2615
URL http://www.yokendo.co.jp/

ISBN978-4-8425-0548-0　C3061

PRINTED IN JAPAN　　　　製本所　株式会社真興社

本書の無断複写は著作権法上での例外を除き禁じられています。
複写される場合は、そのつど事前に、（社）出版者著作権管理機構
（電話 03-3513-6969、FAX 03-3513-6979、e-mail:info@jcopy.or.jp)
の許諾を得てください。